세상을 바꾼 수학자들 이야기

이무현 지음

KYOWOO

세상을 바꾼 수학자들 이야기

2017년 4월 20일 초판 발행
2023년 10월 20일 초판 2쇄 발행

저 자 • 이무현
발행자 • 오판근
발행처 • (주) 교우

주 소 • 서울특별시 동대문구 약령시로 8 교우빌딩 2층
전 화 • 925-2861~2, 편집부 / 925-2825, 홈쇼핑 / 969-5762
팩 스 • 070-7966-8610
E-mail • kyowoo@kyowoo.co.kr
홈페이지 • http://www.kyowoo.co.kr
북스토어(쇼핑몰) • http://www.kyowoo.co.kr

등록 / 1994. 3. 24 제1994-000013호

ISBN 979-11-251-0203-8 (03410)

값 16,000원

머리말

세상을 바꾸는 사람들은 누구인가? 전쟁을 승리로 이끌어 광활한 영토를 정복하는 위대한 왕들과 장군들인가? 아니다. 그렇지 않다. 진정 세상을 바꾸는 사람들은 수학자들 및 과학자들이다.

갈릴레오는 "자연은 수학이라는 언어로 쓰여 있다."라고 말했다. 우리가 수학을 배워야 하는 이유가 바로 이것이다. 수학을 배우는 것은 자연을 이해하는 것이며, 자연을 이해하는 것은 자연을 이용하여 여러 가지 문명의 이기들을 만드는 것이다. 오늘날 우리들이 당연시여기며 사용하는 전기, 전자, 컴퓨터통신, 자동차, 비행기, 고속전철 등은 모두 자연에 대한 깊은 이해를 바탕으로 제작한 것들이다. 바꿔 말하면, 심오한 수학 이론이 밑받침이 되어야 제작 가능한 제품들이다.

여기에 16명의 수학자들의 이야기가 있다. 이들은 시대를 앞선 선구자들이며, 자연의 언어를 남들보다 더 잘 이해한 사람들이다. 이들이 발전시킨 수학 이론은 과학 발전의 밑바탕이 되었다. 유클리드는 2,000여 년간 수학 교육을 책임져 왔다. 갈릴레오는 고리타분한 철학을 타파하고 실험과학을 정립하였다. 뉴턴은 인류의 과학 발전을 백여 년 이상 앞당겨 놓았다.

물론, 이들은 모두 타고난 대천재들이다. 우리들이 아무리 노력을 해도, 이들의 업적의 만분의 일도 이룩할 수 없다. 그렇지만 그게 무슨 상관인가? 이들은 길이 없는 새로운 영토를 개척하느라 고생을 하였지만, 우리들은 이들이 닦아놓은 길을 따라 가며 편안하게 즐길 수 있다.

그러니 기억해 두자. 오늘날 우리들이 핸드폰으로 웹 서핑을 하며 전 세계와 접촉할 수 있는 것은, 이들 수학자들의 노고 덕분에 가능한 일이다. 이들의 업적이 없었다면, 우리들은 오늘 등잔불 앞에서 천자문을 외우고 있을 것이다.

16명의 수학자들 이야기에 추가하여, 5개의 부록을 넣어 놓았다. 부록은 구의 부피, 미적분학의 기본정리, 사인, 코사인 함수의 미분 등 학생들의 수학 공부에 직접 도움이 될 요긴한 내용들이다. 특히 사인, 코사인 함수의 미분 항목은 그 내용과 관련하여 로버트 엘리스(Robert L. Ellis) 교수님의 많은 도움을 받았다. 이 지면을 빌려서, 로버트 엘리스 교수님의 호의에 깊이 감사를 드린다. 수학을 배우는 학생들 및 가르치는 선생님들에게, 이 책이 시원한 청량제가 되어 주기를 바란다.

2017년 2월

지은이 이무현 씀

차 례

수학의 할아버지

탈레스

수학의 할아버지 탈레스

탈레스(Thales, B.C. 624 ~ B.C. 546)는 고대 그리스의 철학자, 수학자, 천문학자이다. 그는 소아시아 밀레투스(오늘날의 터키 밀레트) 출신이며, 고대 그리스의 7현인 중의 한 명이다. 탈레스는 그리스 전통에서의 최초의 철학자로 간주되며, 서양 문명사에서 최초로 과학적 사고를 한 사람으로 여겨지고 있다.

고대 그리스의 7대 현인이란, 기원전 7세기 ~ 6세기 무렵 그리스의 철학자, 정치가, 법률가 등등 7명을 호칭하는 것으로서, 여러 다양한 분야에서 존경받던 위인 7명을 선정한 것이다. 신탁으로 유명한 그리스 델포이의 아폴론 신전에는 이들 7현인의 이름과 이들이 남긴 명언들이 새겨져 있다. 이들의 이름과 그 명언들은 다음과 같다.

- 린도스의 클레오불루스(Cleobulus of Lindos); 그는 린도스 섬을 통치한 독재자였다. "중용이야말로 모든 것들 중에 가장 좋은 것이다."
- 아테네의 솔론(Solon of Athens, B.C. 638 ~ B.C. 558); 그는 아테네의 유명한 입법자이자 개혁가로서, 아테네의 민주 정치를 이룰 법률들을 제정하였다. "지나침은 나쁘다.(과유불급)"
- 스파르타의 킬론(Chilon of Sparta); 그는 기원전 6세기 무렵 스파르타의 정치인이며, 스파르타 사회를 군사화한 장본인이다. "불가능한 것을 소망하지 말라."

- 프리엔느의 비아스(Bias of Priene); 그는 기원전 6세기 무렵의 정치인이자 입법자였다. "대부분의 사람들은 악인이다." (성악설)
- 밀레투스의 탈레스; "너 자신을 알라."
- 미틸렌느의 피타쿠스(Pittacus of Mytilene, B.C. 640 ~ B.C. 568); 그는 미틸렌느(오늘날의 그리스 레스보스) 섬을 다스린 정치인이었다. 그는 귀족들의 권력을 줄였으며, 민중들의 지지에 힘입어 통치하였다. "너의 기회를 알라."
- 코린트의 페리안더(Periander of Corinth, ? ~ B.C. 587); 그는 코린트를 통치한 독재자였다. 그가 다스리는 동안, 코린트는 전례가 없이 안정된 상황의 황금기를 누렸다. "모든 것들을 멀리 내다보라."

"너 자신을 알라."는 말은 소크라테스(Socrates, B.C. 470 ~ B.C. 399)의 명언으로 흔히 알려져 있지만, 사실은 그보다 훨씬 이전에 탈레스가 남긴 말이다.

탈레스보다 이전 시대의 그리스 사람들은 이 세상과 우주의 모든 현상들과 변화들을 설명하는 데 신화를 사용하였다. 탈레스는 신화적 설명으로부터 벗어나서, 이론과 가설 등등 논리와 과학으로서 모든 현상들을 설명하려고 시도하였다.

탈레스의 시대 이후, 소크라테스의 시대 이전의 거의 모든 철학자들은 신화를 사용한 설명으로부터 벗어나서, 우주 전체에 어떤 하나의 궁극적이고 기본이 되는 존재를 통하여서 우주 만물을 설명하려고 하였다. 탈레스는 사물을 구성하는 근본 원소를 '물'이라고 설명하였다.

탈레스의 부모는 페니키아 인들이라고 한다. 탈레스는 평생 결혼을 하지 않고 독신으로 지냈다. 젊었을 때는 그의 어머니가 결혼을 재촉하자, 결혼을 하기에는 아직 너무 어리다고 변명하였다. 그 이후 나이가 들어서는, 결혼을 하기에는 너무 늙었다고 변명하였다.

하루는 아테네의 솔론이 탈레스를 방문하여서, 탈레스에게 왜 혼자 사느냐고 물었다고 한다. 탈레스는 자식 걱정을 하고 싶지 않아서라고 답하였다. 그러고 나서, 탈레스는 매우 악의적인 장난을 쳤다. 전령이 와서, 솔론의 아들이 갑자기 사망하였다는 소식을 전한 것이다. 솔론은 큰 충격을 받고 비탄에 빠졌다. 잠시 후에, 탈레스는 그 소식이 자신의 장난이었으며 거짓임을 밝혔다. 솔론은 매우 화가 나서 탈레스에게 대들었다. 그러자 탈레스는 "내가 결혼하지 않고 독신으로 지내는 이유를 알겠지?"라고 답하였다. 그렇지만 말년에 이르러서, 탈레스는 자식에 대한 마음이 바뀐 것 같다. 자신의 대를 잇기 위하여, 조카를 양자로 받아들인 것이다.

탈레스에 관한 여러 일화들을 보면, 그가 수학 및 천문학에 탁월한 재능을 가진 대천재이며, 게다가 사업 수완도 뛰어났음을 알 수 있다. 그는 날씨, 강수량 등등 기후에 대해서도 정확하게 예상할 수 있었기 때문에, 어느 해에 날씨가 좋아서 올리브 농사가 대풍이 될 것을 미리 내다보았다. 그는 올리브 기름을 짜는 데 쓰는 압착기들을 모두 사들였다고 한다.

실제로 올리브 농사는 대풍이었으며, 농부들과 기름 상인들은 올리브 기름을 짜기 위한 압착기들을 구하기 위하여 아우성이었다. 탈레스는 압착기들을 비싼 값에 대여하여서, 큰 이익을 남길 수 있었다. 탈레스가 돈에 욕심이 나서 그랬던 것 같지는 않다. 자연 현상을 연구하는 철학이라는 학문이 재물을 낳을 수도 있음을 보여 주고 싶었을 뿐이었다.

탈레스는 기원전 585년 5월 28일의 일식을 예언하였다고 한다. 그리고 그는 작은곰자리가 북극에 위치하고 있으니, 그것을 이용하여 방향을 잡으면 항해에 유용하다고 주장하였다. 그 이전에는 선원들이 큰곰자리를 이용하여 방향을 잡았지만, 사실은 작은곰자리가 (북극성을 포함하고 있으니) 더 정확하게 북쪽에 위치하고 있다. 탈레스는 1년의 길이를 계산하였고, 춘분, 추분, 동지, 하지를 계산하였다.

탈레스는 기하학 분야에 많은 업적을 남겼다. 그는 젊은 시절에 이집트를 방문하여서 기하학을 접하였다. 이집트에 머물던 시절, 그는 그림자를 이용하여 피라미드의 높이를 측정하는 방법을 제시하였다. 땅에 막대기를 수직으로 세워 놓고, 그 막대기의 길이와 그 그림자의 길이가 같아지는 순간, 피라미드의 그림자의 길이를 측정하면 피라미드의 높이를 구할 수 있다는 것이다. 탈레스는 닮은꼴 삼각형들과 직각삼각형들의 성질에 대해서 잘 알고 있었으며, 그것들을 실용적 측면에서 사용한 것이다.

기하학 분야에서, 탈레스는 다음의 법칙들을 발견하였다.

"원의 지름은 원을 이등분한다."
"원에 내접하고 지름이 한 변인 삼각형은 지름의 대각이 직각이다."

"두 직선이 만났을 때, 맞꼭지각은 서로 크기가 같다."

이것들은 언뜻 보면 대단하지 않아 보이지만, 사실은 매우 중요한 발전의 씨앗을 품고 있다. 탈레스의 시대에, 이집트는 전 세계에서 기하학이 가장 발전한 선진국이었다. 그러나 이집트의 기하학은 나일 강의 주기적인 범람에 따른 토지의 넓이 측량이라는 필요에 따라서 생겨난 실용 중심의 학문이었다. 그 때문에 실용적 측량, 계산이 중시된 기술이었으며, 논리적인 증명을 바탕으로 하는 학문이 아니었다.

탈레스가 이집트에서 생활하던 시절, 이집트의 건축가, 기술자들이 팽팽하게 당긴 밧줄을 사용하여 측량 및 건축을 위하여 토지에 선을 긋는 모습을 흔히 볼 수 있었다. 그들은 두 개의 밧줄들을 사용하여 선을 그은 다음, 그 때 생기는 네 개의 각들의 크기를 정확하게 측정하곤 하였다. 탈레스는 그 모습을 보고 매우 의아하게 여겼다.

"맞꼭지각은 서로 크기가 같으니, 두 각만 정확하게 재면 충분하지 않은가? 아니, 두 개의 각을 측정할 필요도 없다. 평각(즉 180도)은 크기가 같고, 다른 한 각은 평각에서 그것을 빼면 구할 수 있다. 그러니 어느 하나의 각만 정확하게 측정하면, 나머지 세 개의 각들도 모두 그 크기를 정확하게 알 수 있다."

그는 맞꼭지각이 서로 크기가 같음을 다음과 같이 증명하였다.

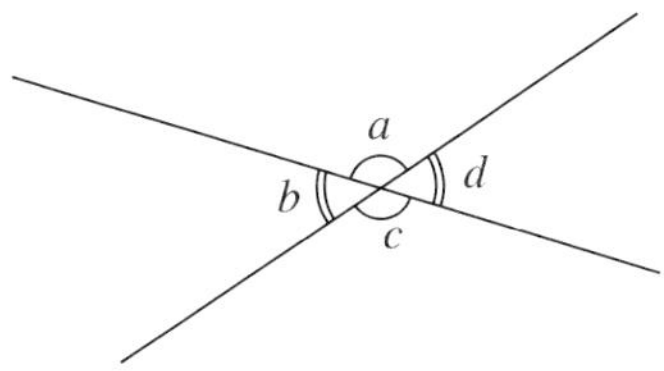

그림 1

두 개의 직선들이 교차하여서, 네 개의 각들을 만든다고 하자. 그 각들의 크기를 a, b, c, d라 하자. 그러면

$$a+b= \text{평각} =b+c$$

이것들에서 각각 b를 빼면,

$$a+b-b=a,$$

$$b+c-b=c$$

그러므로 $a=c$이다. 마찬가지 방법으로 $b=d$임을 증명할 수 있다. 그러므로 맞꼭지각은 서로 크기가 같다. 증명이 끝났다.

탈레스는 다음의 공리들을 사용하였다.

"서로 같은 것들에다 서로 같은 것들을 더하면, 그 결과는 서로 같다."
($A=B$, $C=D$라 하자. 그러면 $A+C=B+D$이다.)
"서로 같은 것들에서 서로 같은 것들을 빼면, 그 결과는 서로 같다."
($A=B$, $C=D$라 하자. 그러면 $A-C=B-D$이다.)
"모든 평각들은 서로 크기가 같다."

탈레스는 몇 가지 자명한 진리(즉 공리)들을 받아들인 다음, 그것들을 바탕으로 연역법(deductive reasoning)으로 증명을 한 것이다. 언뜻 보면 그리 대단치 않아 보이지만, 이것은 수학의 찬란한 발전을 시작하는 위대한 첫걸음이었다.

마치 10억 년 전에, 단세포 생명들만이 가득한 바다에서, 어떤 두 개의 단세포들이 합쳐져서 두 개의 세포로 구성된 생명체가 생겨난 것이, 지능을 가진 고등생명체로의 진화를 향한 거대한 여정의 첫걸음이 된 것처럼, 탈레스는 수학의 발전이라는 찬란한 금자탑의 첫 초석을 다져 놓은 것이다.

혁명을 꿈꾼 철학자

피타고라스

혁명을 꿈꾼 철학자 피타고라스

피타고라스(Pythagoras, B.C. 570~B.C. 495)는 고대 그리스의 수학자이자 철학자이다. 그는 그리스의 사모스 섬 출신이다. 그는 젊은 시절에 그리스, 이집트, 중동 등지를 널리 여행하며 학문과 문물을 익혔으며, 어쩌면 멀리 인도까지 방문하여 종교와 철학을 배운 것 같다. 그 시절 그리스에 알려진 전 세계를 여행하며 학문을 배운 것이다.

그는 이집트에서 기하학을 배웠으며, 페니키아인들에게서 산술 연산을 배웠다. 그 당시 최고의 천문학 지식을 가지고 있던 칼데아인들에게서 천문학을 배웠으며, 조로아스터 교인들로부터 종교의 원리와 삶의 지혜를 배웠다. 그의 고향인 사모스 섬은 밀레투스와 매우 가까우니, 젊은 피타고라스는 노년의 탈레스와 만났을 가능성도 있다.

피타고라스는 이집트, 중동 및 어쩌면 인도에 이르는 여행을 마친 이후, 이탈리아 남부에 위치한 크로톤으로 가서 자리를 잡았다. 그가 고향인 사모스 섬을 버리고 멀리 떨어진 타향에 정착한 이유는, 그 당시 사모스에서는 폴리크라테스(Polycrates, 재위 B.C. 538~B.C. 522)가 독재 정치를 하고 있어서, 피타고라스 자신이 꿈꾸는 이상을 펼칠 수 없었기 때문이라는 설이 있다. 다른 설명에 따르면, 그의 고향 사모스에서는 그에 대하여 철학자 및 정치가로서의 기대가 너무 컸기 때문에, 공인으로서 공적인 업무를 수행해야 할 부담이 너무 커서 의도적으로 사모스를 피했다고 한다.

크로톤에 정착한 이후, 피타고라스는 곧 커다란 영향력을 행사하였으며, 많은 사람들이 피타고라스를 따르기 시작하였다. 피타고라스는 감동적인 웅변으로 사람들을 설득하여서, 젊은이들이 화려하고 퇴폐적이며 세속적인 삶을 버리고, 순수하고 고결한 삶을 살기 위하여 피타고라스와 함께하였다고 한다.

피타고라스의 추종자들은 일종의 배타적인 종교 단체를 형성하였다. 그들은 예언의 신 아폴론을 숭배하면서, 육식을 금지하고, 금욕적이며 청렴한 생활 방식을 추구하였다. 그들은 배타적이고 심오한 교육 과정을 통하여, 과학 및 수학, 그리고 종교적 규율을 배웠다. 모든 종류의 욕구 및 분노의 표출은 엄격하게 억제되었다. 한 마디로 말해서, 그들의 단체는 "철학적 학파, 종교적 교단, 정치적 당파"였다고 할 수 있다.

오늘날의 문명화, 개방화된 사회에서도, 이런 방식의 배타적인 종교 집단에서는 그 교주가 반신반인으로 추앙되어 숭배 받게 마련이다. 그러니 2,600년 전의 고대 그리스 사회에서, 피타고라스가 그 집단으로부터 반신반인으로 숭배 받은 것은 불가피한 결과이다.

타국 출신의 이방인이 정착하고 나서 그런 식으로 영향력을 행사하면, 그것을 박수 치며 환대해 줄 사회는 없다. 크로톤의 시민들은 점차 의혹의 눈길로 피타고라스의 무리들을 지켜보기 시작하였다. 그들은 피타고라스가 자국의 젊은이들을 종교적, 철학적으로 타락시키고 있다고 의심하기 시작하였다.

그런데 피타고라스 무리가 크로톤에서 상당한 영향력을 행사하던 그 무렵, 크로톤과 그 이웃 도시 시바리스 사이에 전쟁이 일어났다. 크로톤의 군대 지휘관은 밀로(Milo, ? ~ ?)였는데, 그는 피타고라스 무리의 일원이었다. 그러니 피타고라스 무리들이 시바리스와의 전쟁에서 상당한 공헌을 하였던 것 같다. 그 전쟁은 크로톤의 완승으로 끝이 나서, 크로톤은 시바리스를 지배하게 되었다.

그러나 이 전쟁의 여파는 피타고라스 무리에게 파국을 불러왔다. 크로톤의 정치 지도자들 및 시민들은 좀더 민주적인 법률을 도입하여 통치체계를 개선하자는 제안을 내놓았다. 피타고라스 무리는 시바리스를 물리친 전공에 도취되어 이 제안을 일축하였다. 그러자 피타고라스 무리에서 축출된 몇 명이 주동자가 되어, 시민들이 이들 무리를 공격할 계획을 세웠다.

피타고라스 무리가 밀로의 집에 모였을 때, 대대적인 공격이 시작되었다. 성난 시민들이 집에 불을 질러서, 무리 구성원들의 상당수가 사망하였다. 크로톤의 도시 전체에서는 물론이고, 이웃한 도시들에서도 피타고라스 무리에 대한 공격과 학살이 자행되었다. 피타고라스 본인은 이러한 참극 속에서 탈출하여 크로톤을 벗어나 도망쳤지만, 그 무리는 치명상을 입었으며, 다시는 그 이전의 세력을 회복할 수 없었다.

그 이후 피타고라스 무리는 소수의 비밀 지하 조직으로 명맥을 유지하였다. 피타고라스의 철학과 사상, 지식은 이들을 통하여 후세에 전해질 수 있었으며, 그의 철학은 훗날 플라톤(Platon, B.C. 427 ~ B.C. 347)에게 승계되어, 고대 그리스 철학의 원조가 되었다.

피타고라스의 가장 중요한 업적은 '피타고라스의 정리'이다. 피타고라스의 정리는 다음과 같다.

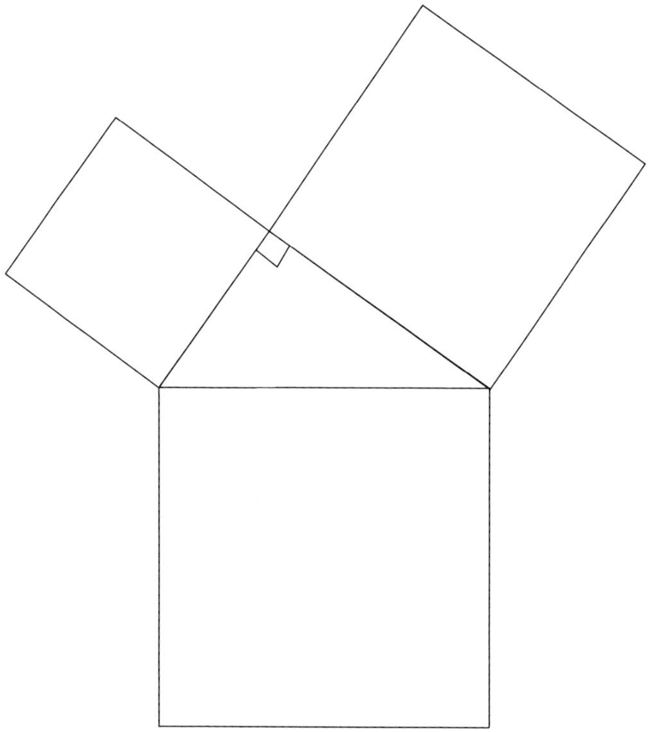

그림 1

"직각삼각형에서 빗변을 한 변으로 하는 정사각형의 넓이는, 다른 두 변을 각각 한 변으로 하는 정사각형들의 넓이의 합과 같다."

여기서 빗변이라는 말은, 직각을 마주 보는 대변을 가리킨다. 피타고라스가 이 정리를 발견한 것은 젊어서 이집트를 여행하던 시절이었을 것이다. 그가 이 정리를 발견하게 된 계기는, 직각이등변삼각형 및 변의 길이가 3, 4, 5인 직각삼각형을 관찰한 것이었다.

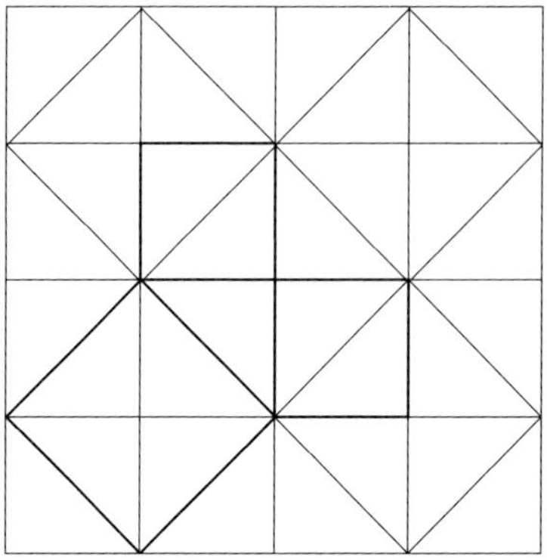

그림 2

직각이등변삼각형 모양의 타일이 깔린 목욕탕 또는 이런 모양의 보도블록이 깔린 거리는, 당시의 선진국이던 이집트에서 접하게 된 풍경이었다. 이 모양을 곰곰이 잘 살펴보면, 빗변이 만드는 정사각형은 4개의 직각이등변삼각형을 내포하고 있으며, 다른 두 변이 만드는 정사각형들은 각각 2개의 직각이등변삼각형들을 내포하고 있다. 그러므로 직각이등변삼각형의 경우, 빗변을 한 변으로 하는 정사각형의 넓이는, 다른 두 변을 각각 한 변으로 하는 정사각형들의 넓이의 합과 같게 된다.

그리고 피타고라스는 변의 길이 비율이 3, 4, 5인 직각삼각형을 이집트에서 흔히 접할 수 있었다. 그 당시 이집트는 토목, 건축 기술이 발달하였는데, 건축 또는 토지 측량을 위하여서, 토지에다 직각을 매우 정확하게 그려야 할 필요가 있었다. 이집트인들은 밧줄을 사용하여 이 문제를 해결하였다. 즉 밧줄에다 일정한 간격으로

(매우 정확하게) 매듭을 맺어 표시를 한다. 이 밧줄을 사용하여 변의 길이가 각각 3, 4, 5인 삼각형을 토지에다 그린다. 그러면 빗변과 마주 보는 대각(길이 3, 4인 변들이 만드는 각)은 직각이 된다.

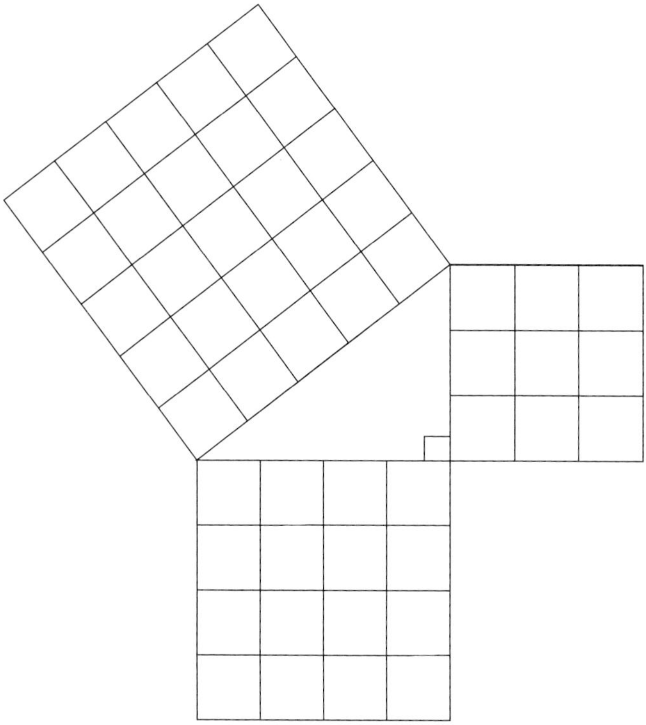

그림 3

이집트인들은 '피타고라스의 정리의 역'을 이용한 것이다. 바꿔 말하면, "어떤 삼각형이 있어서, 빗변을 한 변으로 하는 정사각형의 넓이가 다른 두 변을 각각 한 변으로 하는 정사각형들의 넓이의 합과 같으면, 그 삼각형은 빗변의 대각이 직각인 직각삼각형이다."라는 성질을 이용한 것이다. 이 누 직각삼각형들을 통하여, 피타고라스는 귀납법(inductive reasoning)으로 자신의 정리를 발견하였다.

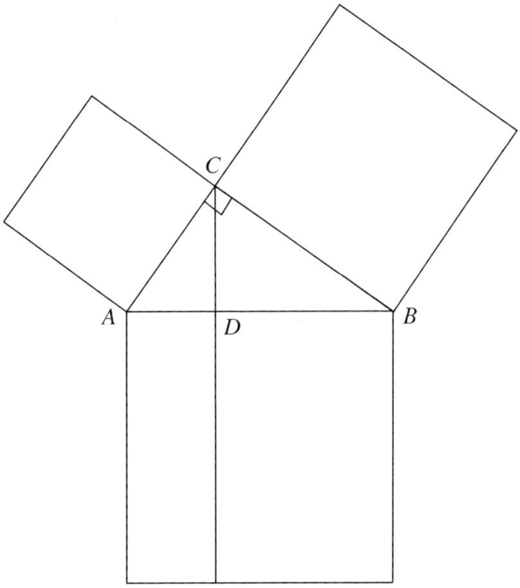

그림 4

피타고라스는 비례식을 사용하여 자신의 정리를 증명하였다. 비례식을 이용한 증명 방법은 다음과 같다. 그림과 같이 각 C가 직각인 삼각형 ABC가 있다고 하자. 꼭짓점 C에서 빗변 $\overline{AB}$로 수직선을 그어서, 그 교점을 D라 하자. 그러면 삼각형 ACD, 삼각형 CBD도 직각삼각형들이며, 이들은 다음과 같이 닮은꼴 관계가 성립한다.

$$\triangle ABC \backsim \triangle ACD \backsim \triangle CBD$$

그러므로 이 때 다음의 비례식이 성립한다.

$$\overline{AC} : \overline{AB} = \overline{AD} : \overline{AC}$$

그러므로 $\overline{AC} \cdot \overline{AC} = \overline{AB} \cdot \overline{AD}$

그리고 이 때 다음의 비례식이 성립한다.

$$\overline{AB} : \overline{CB} = \overline{CB} : \overline{DB}$$

그러므로 $\overline{CB} \cdot \overline{CB} = \overline{AB} \cdot \overline{DB}$

이제 이것들을 더하면 다음의 식을 얻게 된다.

$$\overline{AC} \cdot \overline{AC} + \overline{CB} \cdot \overline{CB} = \overline{AB} \cdot \overline{AD} + \overline{AB} \cdot \overline{DB}$$
$$= \overline{AB} \cdot \overline{AB}$$

그러므로 피타고라스의 정리가 성립한다. 증명이 끝났다.

피타고라스는 행성 운항의 체계와 관련하여서, 태양이 중심에 고정되어 있고, 태양을 중심으로 행성들이 공전하는 지동설 체계를 주장하였다. 그리고 그는 음악에 관한 이론을 최초로 제시하기도 하였다. 그가 음악의 신 아폴론을 숭배하였으니, 음악의 이론을 연구한 것은 당연한 일이다.

피타고라스는 "수는 만물의 근원이다."라는 명언을 남겼다. 이 말이 정확하게 무엇을 의미하는지는 알 수 없다. 탈레스는 만물을 구성하는 기본 원소가 물이라고 주장한 바 있다. 피타고라스가 그런 의미로서 이 말을 했을 것 같지는 않다. 1, 2, 3, 4, 5, … 등등의 수로부터 만물이 생겨난다고 생각했을 리는 없다.

다만, 피타고라스가 수를 연구한 수학자이며 우주의 질서와 진리를 추구한 철학자임을 감안하면, 우주 만물의 질서 및 조화와 관련하여 어떤 심오한 의미로서 이 명언을 남긴 것 같다.

그의 무리에 가해진 치명적인 박해 때문에 그의 사상이 온전하게 전해지지 못한 것은 매우 안타까운 일이지만, 역으로 생각하면, 그럼에도 불구하고 그의 사상과 철학이 명맥이 끊어지지 않고 그리스 철학으로 이어진 것은 매우 다행한 일이다.

기하학의 설계자

유클리드

기하학의 설계자 유클리드

유클리드(Euclid, ? ~ B.C. 300?)는 고대 그리스 제국의 알렉산드리아에서 활동한 기하학자이다. 그는 [기하학 원론]을 저술하여 그 당시 알려져 있던 기하학 지식을 집대성하였으며, 그 때문에 '기하학의 아버지'라 불리기도 한다. [기하학 원론]은 그 이후 2,200여 년 이상 기하학 및 수학 전반의 표준 교과서로 사용되었다.

알렉산드리아는 오늘날 이집트에 위치하고 있는데, 알렉산더 대왕(Alexander the Great, B.C. 356 ~ B.C. 323)이 건설한 도시이다. 알렉산더 대왕은 이집트, 중동 등지를 정복하면서 여러 도시들을 건설하였는데, 그 중에 알렉산드리아는 자신이 정복하여 건설할 대제국의 수도로서 계획하였다. 그 때문에 자신의 이름을 그 도시의 이름에다 붙인 것이다.

그 이후 알렉산드리아는 그리스 제국의 문화, 교육, 학술의 수도 역할을 하였다. 특히 알렉산드리아의 도서관은 그리스 제국의 최대 규모로서, 그리스의 모든 종교, 전설, 철학, 문학, 지식의 기록들이 모여 있던 소중한 문화유산이었다.

유클리드 시절에 이집트를 통치하던 왕은 프톨레마이오스 1세(Ptolemaios I, B.C. 366 ~ B.C. 282)였다. 프톨레마이오스 1세는 알렉산더 대왕의 부하이자 절친한 동료였으며, 알렉산더 대왕의 이복형이라는 설도 있다.

유클리드의 개인사에 대한 정확한 기록은 남아 있지 않다. 그의 출생, 사망 연도도 정확하게 알려져 있지 않다. 다만, 그는 알렉산드리아에서 프톨레마이오스 1세의 통치 기간에 활동한 것은 확실하며, 알렉산드리아 이외의 지역에서 생활하였다는 기록은 없다. 유클리드에 대하여서, 다음의 유명한 일화 두 가지 있다.

프톨레마이오스 1세가 유클리드에게서 기하학을 공부하였는데, 왕에게는 아마 기하학이 너무 어려웠던 모양이다. 왕은 유클리드에게 다음과 같이 물었다. “기하학을 좀더 쉽게 배울 수 있는 방법은 없는가?” 그러자 유클리드가 다음과 같이 답하였다. “전하, 기하학에 왕도는 없습니다.” 바꿔 말하면, 기하학을 쉽고 간단하게 배울 수 있는 편법은 없다는 뜻이다. 어렵고 힘들더라도, 묵묵하게 주어진 과정을 배워나가는 수밖에 없다. 오늘날 수학에 힘들어하는 모든 학생들에게, 유클리드의 이 명언은 크나큰 절망을 안겨주고 있다.

또 다른 유명한 일화는 다음과 같다. 유클리드가 알렉산드리아의 대학에서 학생들을 가르치고 있었다. 그 때 한 학생이 질문을 던졌다. “유클리드 교수님, 이것을 배우면 나중에 돈을 벌 수 있을까요?” 그러자 유클리드는 화를 내며 다음과 같이 답하였다. “저놈에게 동전 한 닢을 던져주어라. 저놈은 학문을 돈벌이 수단으로 생각하는 모양이다.” 순수학문을 공부하는 대학생들의 입장에서, 졸업한 후 취직해서 돈을 벌 수 있을까 하는 것은 매우 현실적이고 심각한 걱정거리이다. 그러나 대가인 교수는 학생들의 이런 걱정을 전혀 이해하거나 공감하지 못 하고 있다. 대가 본인은 취직 걱정이 없기 때문이다.

유클리드의 가장 중요한 저작은 [기하학 원론]이다. 그 이외의 다른 책들도 몇 권 남겼지만, 학문적 중요성이나 후세에 미친 영향력을 생각해 보면, [기하학 원론]이 유클리드의 전부라고 말해도 과언이 아니다. 유클리드가 [기하학 원론]을 저술하게 된 정확한 동기는 알려져 있지 않다. 플라톤이 그에게 당시에 알려져 있던 기하학 지식을 집대성하는 저술을 권유하였다는 설도 있다.

유클리드가 누구에게서 기하학을 배웠는가 하는 것도 알려져 있지 않다. 그렇지만 알렉산드리아가 그리스 제국의 문화적 수도 역할을 한 것을 고려하면, 그리스의 모든 지식을 그 도시에서 접할 수 있었음은 자명한 일이다. 이집트가 원래 기하학의 선진국이었음도 무시할 수 없다. 그리고 유클리드 본인이 기하학의 대천재였음은 물론이다.

유클리드가 [기하학 원론]에서 이룩한 중요한 업적들은 다음과 같다.

첫째, 그는 그 당시에 알려져 있던 모든 기하학 지식들을 일관성 있고 체계적으로 기술하였다. 이는 마치 기초공사부터 시작하여 차근차근 건물을 건축해 올린 것과 같다. 그렇기 때문에, 후대의 수학자들은 [기하학 원론]을 표준 교재로서 편리하게 사용할 수 있었던 것이다.

둘째, 그는 공리들을 채택하여서, 그 공리들을 바탕으로 수학적 진리들을 엄밀한 증명을 통하여 유도하였다. 공리들이란 수학적 진리들을 구성하기 위한 기본적인 원소 내지 원자와 같다. 수학 분야에서 공리들의 중요성을 최초로 인식한 학자는 탈레스이다. 유클리드는 탈레스의 업적을 바탕으로, 적절하고 모순이 없는 공리들을 채택함으로써, 올바른 수학 이론을 전개해 나갈 수 있었다.

셋째, 그는 '평행선 공리'를 채택하여서, 유클리드 기하학을 완성할 수 있었다. 평행선 공리는 [기하학 원론]의 내용들 중에 후세에 가장 큰 논란을 불러일으킨 장본인이다. 2,000여 년 이상의 세월 동안, 수많은 쟁쟁한 수학자들이 평행선 공리를 증명하려고 매달렸으며, 상당수의 수학자들은 증명하는 데 성공하였다고 자부하였다. 그러나 그 증명은 모두 틀린 것이었다. 그들은 증명 과정의 어딘가에서 유클리드의 평행선 공리와 동등한 명제를 자신도 모르게 사용한 것이다. 마침내 1868년에 비유클리드 기하학의 모델이 제시됨으로써, 평행선 공리는 다른 공리들과 독립적인 명제임이 증명되었다. 즉 "평행선 공리를 증명하는 것이 불가능함"이 증명된 것이다.

다음은 [기하학 원론]의 평행선 공리, 그리고 그와 동등한 명제들이다. 이것들 중 어느 하나를 받아들인 다음, 그것을 바탕으로 다른 명제들을 증명해 보는 것은 재미있는 수학 문제일 것이다.

- "두 개의 직선들이 다른 한 직선과 만난다고 하자. 이 때 어느 한 쪽의 두 내각의 합이 평각보다 작으면, 이 두 직선은 (충분히 길게 늘렸을 때) 그쪽에서 서로 만난다." (유클리드 [기하학 원론]의 평

행선 공리)

- "한 직선이 주어지고, 그 직선에 놓여 있지 않은 한 점이 주어졌다고 하자. 그러면 그 점을 지나고 주어진 직선과 평행한 직선은 단 한 개 존재한다." (플레이페어(John Playfair, 1748 ~ 1819) 공리)
- "삼각형의 세 내각의 합은 평각과 그 크기가 같다."
- "두 개의 직선들이 다른 한 직선과 각각 평행하다고 하자. 그러면 이 두 개의 직선들도 서로 평행하다."

넷째, 그는 이차방정식의 '근의 공식'을 제시해 놓았다. 중학교 수학 교과서에는 이차방정식 $ax^2+bx+c=0$에 대하여, 다음과 같은 근의 공식일 실려 있다.

$$x=\frac{-b\pm\sqrt{b^2-4ac}}{2a}$$

대부분의 학생들은 이 공식을 달달 외우면서, "아, 도대체 누가 이 공식을 만든 거냐?"라며 원망을 한다. 이 질문에 대한 답은, "유클리드가 [기하학 원론] 제 6권에서 이 공식을 제시하였다."이다.

물론, 유클리드는 기하학적인 방법으로 이것을 제시해 놓았다. 그는 더하기인 경우와 빼기인 경우를 구별하여 따로 제시해 놓았으며, 제곱근의 경우는 어떤 넓이를 만드는 정사각형의 한 변의 길이라는 개념으로 제시해 놓았다. 그가 이 공식을 분명하고 확실하게 제시해 놓았으니, 후세 수학자들이 이차방정식에 대하여 더 이상 고민할 필요가 없게 되었다. 오늘날 학생들은 이 공식을 원망하고 있지만, 사실 모든 공식들은 후학들의 수고를 덜어주기 위한 것이다.

다섯째, 그는 비율(비례식) 이론을 올바르게 제시해 놓았다. 비례식이란

$$A : B = C : D$$

와 같은 식을 말한다. 이것을 "A와 B의 비율은 C와 D의 비율과 같다."라고 표현하기도 한다. 이것은 다음의 분수 표현과 사실상 동일하다.

$$\frac{A}{B} = \frac{C}{D}$$

유클리드 이전의 수학자들도 물론 비례식을 널리 사용하였다. 그러나 피타고라스의 시대에 이르러서, 비율 이론은 절체절명의 큰 위기를 맞게 되었다. 피타고라스의 시대에 이르기까지, 수학자들은 비례식을 사용하면서, 모든 양들이 서로 유리수의 곱으로 표현할 수 있다고 암묵적으로 가정하고 있었다.

즉 비례식에 등장하는 양들 A, B에 대하여, A에다 적당한 유리수를 곱하면 B와 같아지도록 만들 수 있으며, 양들 C, D도 마찬가지로, C에다 적당한 유리수를 곱하면 D와 같아지도록 만들 수 있다고 가정하고 있었다. 그 당시 수학자들이 알고 있던 '수'는 유리수가 전부였으니, 이런 암묵적인 가정은 불가피한 일이라고 하겠다.

그러나 '피타고라스의 정리'가 등장하자, 유리수가 아닌 수가 존재함이 증명되었다. 가장 간단한 예로서, 직각이등변삼각형을 생각해 보자. 두 변의 길이가 각각 1인 직각이등변삼각형의 빗변의 길

이는 얼마인가? 그 빗변의 길이가 유리수가 아님은 피타고라스의 정리를 사용하여 쉽게 증명할 수 있다. 이 결과는 피타고라스에게 큰 충격을 주었다.

그리고 그 여파로서, 비율 이론도 치명상을 입게 되었다. 예를 들어, 변의 길이가 1인 정사각형과 변의 길이가 3인 정사각형이 있다고 하자. 이 때 "변의 길이가 1인 정사각형에서 그 대각선과 변과의 비율은, 변의 길이가 3인 정사각형에서 그 대각선과 변과의 길이 비율과 같다."고 말할 수 있는가? 이것을 말할 수 있으려면, 두 양들 A와 B의 비율이 '유리수'가 되는 경우는 물론이고, '무리수'가 되는 경우도 다룰 수 있는 새롭고 올바른 비율 이론이 필요하다. 유클리드는 그 새롭고 올바른 비율 이론을 제시해 놓은 것이다.

여섯째, 그는 피타고라스의 정리를 증명해 놓았다. 피타고라스는 비율 이론을 사용하여서 자신의 정리를 증명해 놓았다. 그렇지만 피타고라스가 사용한 비율 이론 자체가 치명적인 한계를 지니고 있으니, 피타고라스의 증명 방법이 과연 완벽한가 라는 의혹이 제기되었다. 유클리드는 이 의혹을 불식시키고 싶었다.

피타고라스의 정리 자체는 기하학에서 매우 중요한 정리이니, 그 증명 과정에 한 점의 의혹이라도 제기되면 큰 탈이었다. 그래서 유클리드는 완전히 새로운 방법으로 피타고라스의 정리를 증명해 놓았다. 그의 증명 방법은 그 후 피타고라스의 정리를 증명하는 가장 표준적인 방법으로서 널리 사용되었으며, 오늘날에도 대부분의 교과서들이 이 방법을 사용하여서 피타고라스의 정리를 증명하고 있다.

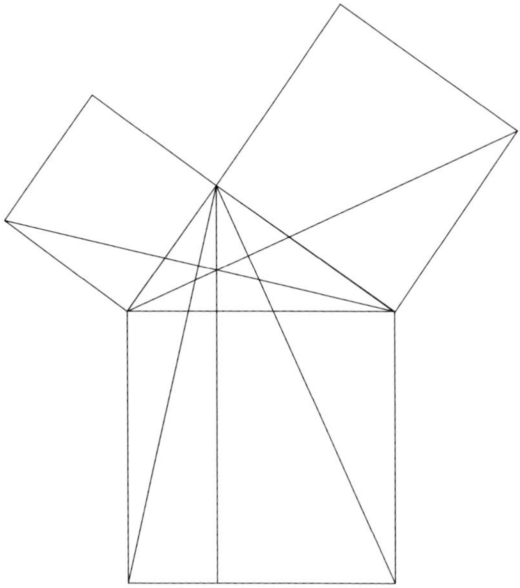

그림 1

일곱째, 그는 자연수의 여러 가지 중요한 성질들을 증명해 놓았다. 홀수(prime number)들이 무한히 많이 존재함을 증명하였으며, 소인수분해의 유일성을 증명하였다.

여덟째, 그는 '무리수'들에 대한 연구를 담아 놓았다. 피타고라스에 의한 무리수의 발견은 큰 충격과 혼란을 야기하였다. '유리수'에 대한 개념이 전부이던 당시의 수학자들에게, 무리수란 정체를 알 수 없는 어떤 괴물이었다. 피타고라스 무리는 무리수의 발견을 비밀로 유지하였으며, 그 비밀을 발설한 자를 물에 빠트려 죽였다는 설도 있다. 그만큼 무리수라는 괴물이 당혹감과 두려움을 불러일으킨 것이다.

그렇지만 유클리드는 [기하학 원론] 제 10권에서 무리수들을 차근차근 제시해 놓았다. 그가 제시해 놓은 무리수들은, 오늘날의 수학 지식 및 기호들을 사용하여 표현하자면, 제곱근 $\sqrt{\ }$ 를 사용하여 표현한 수들이다. 제곱근 $\sqrt{\ }$ 속에 또 다른 제곱근들이 들어가는 표현도 있으니, 그러한 무리수들의 분류는 매우 복잡해지고 끝없이 계속될 수 있다.

오늘날의 편리한 기호와 무리수에 대한 확고한 개념이 없던 그 시절에, 이러한 연구와 분류는 매우 까다로운 작업이었다. 유클리드의 이러한 연구 덕분에, '무리수'는 무서운 괴물이 아니라, 연구 가능한 수학의 또 다른 영역임이 확고해신 것이다.

아홉째, 그는 입체도형의 연구도 빠트리지 않았다. 특히 다섯 개의 정다면체들을 제시해 놓음으로써, [기하학 원론]이라는 금자탑에 방점을 찍었다.

오늘날 우리들은 찬란한 과학 기술 사회에서 살고 있으며, 유클리드의 [기하학 원론]은 그 과학 기술의 토대가 되어서 지탱해 주고 있다. 호모 사피엔스의 과학 문명이 멸망하지 않는 한, 유클리드의 업적은 영원히 기억될 것이다.

너무나 위대한 수학자

아르키메데스

너무나 위대한 수학자 아르키메데스

아르키메데스(Archimedes, B.C. 287~B.C. 212)는 고대 그리스의 수학자, 물리학자, 기술자, 발명가, 천문학자이다. 그는 시칠리아 섬 시라쿠사에서 활동하였다. 아르키메데스는 고대의 가장 위대한 과학자이자 수학자로 간주되며, 인류 역사상 3대 수학자로 손꼽힌다. 그는 현대 수학의 정적분 개념을 개발하여서, 원의 넓이, 구의 부피와 겉넓이 등을 구하는 데 사용하였다. 소진법(Method of exhaustion)과 무한소의 개념을 개발, 적용하여서, 포물선 도형의 넓이를 정확하게 구하였으며, 구의 부피와 겉넓이에 관한 공식도 엄밀하게 증명하였다.

아르키메데스는 원주율 π의 근삿값을 상당히 정확하게 계산하였으며, 지수 체계를 사용하여 매우 큰 수를 표현하였다. 그는 물리적 현상의 설명에 수학 이론을 적용한 최초의 인물이다. 그는 유체역학을 창시하였으며, 지렛대의 원리를 제시하였고, 고체의 운동을 설명하는 역학 이론을 개발하였다. 그는 기술자, 발명가로서도 많은 업적을 남겼다. 나선 펌프를 개발하였고, 여러 가지 독창적이고 실용적인 기계들을 설계, 제작하였다. 로마의 군대가 그의 조국 시라쿠사로 쳐들어왔을 때, 그는 여러 가지 전쟁 무기들을 개발하여서, 로마 군대에 맞서 시라쿠사의 수호에 크게 기여하였다.

아르키메데스가 태어났을 당시, 시칠리아 섬 시라쿠사는 그리스 제국의 일원으로서, 자치가 허용된 왕국이었다. 아르키메데스의 개인사에 대해서는 알려진 것이 거의 없다. 그가 결혼을 하였는지, 자녀가 있었는지 여부도 알려져 있지 않다. 그의 생애 마지막에 시라쿠사가 로마의 공격에 함락되어서, 도시 전체가 약탈당하는 등 수난을 겪고 몰락하였기 때문에, 대부분의 기록들이 유실되었기 때문일 수 있다.

정확한 기록은 없지만, 아르키메데스는 젊은 시절에 어쩌면 이집트 알렉산드리아에서 유학한 것으로 추정된다. 그의 수학적 업적들 중 일부 내용이 유클리드의 [기하학 원론]에 바탕을 두고 있음이 이런 추정을 낳게 한다. 학업을 마치고 귀국한 이후에는 전적으로 시라쿠사에서 지낸 것으로 보인다.

아르키메데스에 관한 일화들 중에 가장 유명한 것은 그가 목욕탕에서 "유레카!"라고 외친 다음 발가벗은 채 시라쿠사 시내를 달렸다는 사건이다. 이 사건의 발단은 국왕 히에로 2세(Hiero II, B.C. 308 ~ B.C. 215, 재위 B.C. 270 ~ B.C. 215)의 금관 제작이었다.

히에로 2세는 금 세공인에게 금덩어리를 주고, 자신의 왕관을 제작해 오라고 명령하였다. 그런데 막상 왕관이 완성되어 눈앞에 놓이니, 문득 의심이 들었다. 금 세공인이 금을 약간 빼돌리고, 그 무게만큼의 은을 섞어 제작한 것 같았다. 왕은 아르키메데스를 불러서 자신의 미심쩍어하는 속마음을 털어놓고, 왕관이 순금인지 여부를 검사해보라고 지시하였다. 왕관을 절대 손상시키면 안 된다는 조건을 붙였다.

아르키메데스는 깊게 고민하였다. 순금과 불순금은 그 비중이 다르다. 그러니 서로 무게가 같은 순금과 불순금이 있다면, 그들은 서로 부피가 다르다. 그러나 그 부피의 차이는 매우 미세하다. 왕관의 경우 그 생김새 때문에, 부피를 측정하려면 그릇에 왕관을 넣고 물을 가득 담은 후, 왕관을 들어내고 이 때 줄어든 물의 부피를 측정해야 한다. 그러나 이 방법은 상당한 오차가 생기게 마련이다. 비중을 구하려면 매우 정확하게 부피를 구해야 하니, 이 방법으로는 순금인지 여부를 판단하는 것이 절대 불가능하다.

며칠 동안 깊게 고민하였지만, 아르키메데스는 적당한 판별법을 찾을 수 없었다. 그러다가 아르키메데스는 잠시 머리를 식히려고 목욕탕을 찾았다. 물이 가득한 목욕탕의 욕조에 풍덩 몸을 담그는 순간, 아르키메데스는 자신의 몸을 떠받쳐 올리는 물의 힘을 느꼈다. 그는 순간적으로 깨달음을 얻었다. 아르키메데스는 "유레카!(알았다!)"라고 외치면서 발가벗은 채 시라쿠사 시내를 달려 왕궁으로 갔다.

"유체 속에 잠긴 물체는 그 잠긴 부피에 해당하는 유체의 무게만큼의 부력을 받는다."라는 '아르키메데스의 원리'를 깨달은 것이다. 바다를 운항하는 선박들은 수면 아래에 잠긴 그 부피에 해당하는 부력을 받는다. 즉 그 선박의 무게(싣고 있는 모든 짐들의 무게 포함)가 그만큼 나가는 것이다. 바닷물 속을 운항하는 잠수함은 그 무게가 그 부피에 해당하는 바닷물의 무게와 일치하여야 한다. 바닷물 속을 헤엄쳐 다니는 모는 물고기들도 마찬가지이다.

아르키메데스는 막대의 양쪽 끝에 실을 묶고, 그 실에다 각각 왕관, 그와 같은 무게의 순금을 매단 다음, 이들의 무게가 평형을 이루도록 막대의 중간 지점을 찾아 줄을 묶었다. 이제 왕관과 순금을 물속에 담그자, 평형이 깨졌다. 왕관에 비해 순금이 더 비중이 높음이 증명된 것이다. 왕은 금 세공인에게 무거운 형벌을 내렸다. (금 세공인이 혹시 억울하게 누명을 쓴 것일 수도 있다. 아르키메데스가 이 실험을 할 때 조금 부주의하여서, 왕관에 작은 공기 방울 한 개라도 붙어 있었다면, 평형이 깨지는 결과가 나왔을 것이다.) 아르키메데스의 이 방법은 중세 유럽에서 금을 취급하는 사람들이 순금인지 여부를 판별하는 방법으로 널리 사용되었다.

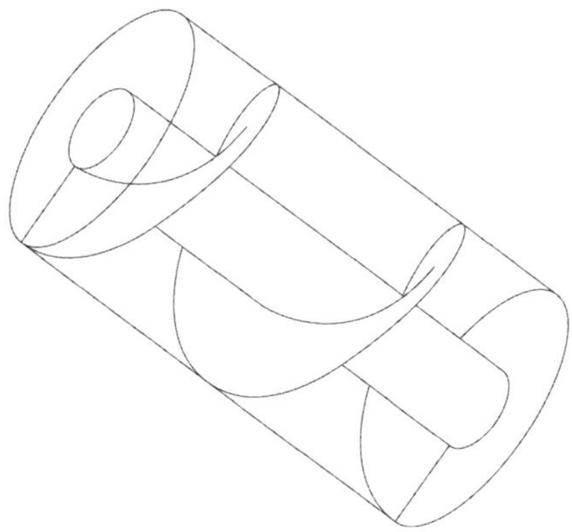

그림 1

아르키메데스는 이른바 '아르키메데스의 나선 펌프'를 발명한 것으로 유명하다. 이것은 원통 속에 축을 넣고, 축과 원통 사이에 나선형의 돌아올라가는 판을 끼워 넣은 것으로서, 선박에서의 배수 및 농경지에서의 관개를 위해 2,000여 년간 전 세계에서 널리 사용되었다. 특히 고대의 7대 불가사의 중의 하나인 바빌론의 하늘정원에서 물을 퍼올리기 위하여 이 나선 펌프를 사용한 것으로 알려지고 있다.

전기 모터를 사용한 물펌프가 보급된 이후, 이것의 사용은 많이 줄어들었다. 그렇지만 오늘날에도 곡물, 석탄, 시멘트 등등 미세한 분말 형태의 고체를 대량으로 다루는 산업 현장에서는 그의 나선 펌프가 여전히 요긴하게 사용되고 있다.

아르키메데스는 지렛대의 원리를 발견하였으며, 이와 관련하여 "나에게 매우 긴 지렛대와 튼튼한 받침점을 달라. 그러면 지구를 움직여 보겠다."라는 호언장담을 남겼다. 이것은 물리학적으로 불가능한 시도이지만, 지렛대의 원리를 잘 설명해 주는 명언이다. 지렛대의 원리는 물리학적으로 유용함은 물론이고, 그는 수학에서도 이 원리를 요긴하게 사용하였다. 정적분을 계산할 때, 어떤 입체도형 또는 평면도형을 잘게 잘라서 작은 토막들로 만든 다음, 그것들을 왼쪽, 오른쪽으로 (지렛대의 원리를 적용하여서) 옮겨 재배열하여서 부피 또는 넓이를 계산하는 기법을 사용한 것이다.

아르키메데스는 도르래의 원리도 발견하였는데, 이것은 지렛대의 원리와 일맥상통하는 비슷한 개념이다. 그는 도르래를 사용하여 기중기 등 여러 가지 기계들을 설계, 제작하였다. 로마 군대가 그의 조국 시라쿠사에 쳐들어와 전쟁이 터졌을 때, 그는 시라쿠사를 방어하기 위하여 여러 가지 전쟁 무기들을 개발하였다. 그 중에는 도르래를 사용한 거대한 기중기가 있어서, 로마의 함선을 붙잡아서 물 위로 들어 올렸다는 전설도 있다.

아르키메데스가 여러 가지 유용한 무기들을 개발한 덕분에, 시라쿠사는 오랫동안 로마의 침입에 맞서 도시를 지켰지만, 그 당시 서양 세계의 최강이던 로마의 군대 앞에 시라쿠사는 끝내 함락되고 말았다. 로마의 군대가 시라쿠사를 노략질하는 혼란 속에서, 아르키메데스는 로마 군인의 칼에 희생되고 말았다.

사실, 로마 군대의 장군은 아르키메데스를 절대 해치지 말라는 명령을 내린 바 있었다. 아르키메데스가 위대한 과학자, 수학자임은 물론이고, 여러 가지 기계들을 설계, 제작하는 데 뛰어난 재주가 있었으니, 그를 살려두면 로마 제국에 크게 도움이 될 것이기 때문이었다. 그러나 전투 및 노략질의 혼동 속에서, 병사들은 노인네들 중에 누가 아르키메데스인지 일일이 확인하고 나서 해칠 여유는 없었을 것이다.

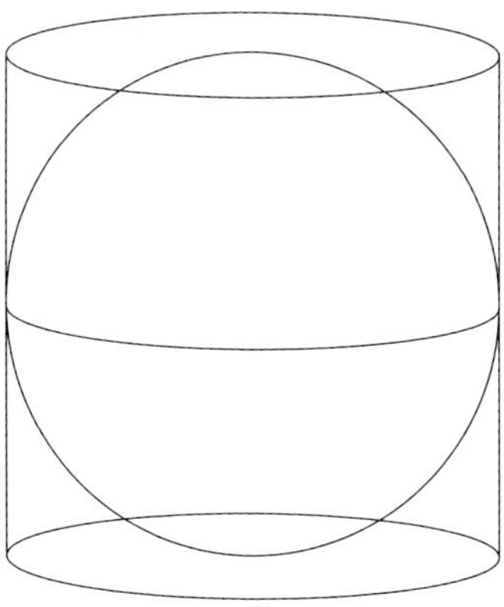

그림 2

아르키메데스는 자신의 묘비에 '원기둥 속에 내접하는 구'를 새겨 달라고 평소에 입버릇처럼 말하곤 하였다. 로마 장군도 이 이야기를 잘 알고 있었기 때문에, 아르키메데스의 시신을 확인한 이후, 그의 소원대로 묘비에 이 도형을 새겨 넣도록 명령하였다.

훗날 로마의 유명한 정치인이자 웅변가인 키케로(Marcus Tullius Cicero, B.C. 106 ~ B.C. 43)는 시라쿠사에서 아르키메데스의 묘비를 우연히 발견하였다. 그 묘비는 덤불 및 잡목으로 덮여 있었지만, 원기둥과 그에 내접하는 구의 모습이 여전히 남아 있었기 때문에, 키케로는 그것이 아르키메데스의 묘비임을 확인할 수 있었다. 오늘날에도 가끔 아르키메데스의 묘비가 발견되었다는 소동이 일어나곤 하지만, 키케로 이후 2,000년 이상의 세월이 흐른 것을 감안하면, 아르키메데스의 무덤은 영원히 사라졌을 것이다.

아르키메데스가 자신의 묘비에 그 도형들을 새겨 달라고 말한 까닭은, 아르키메데스는 구의 부피를 구하였으며, 그것이 자신의 가장 중요한 업적이라고 간주하였기 때문이다.

원기둥의 부피는 그 밑면의 넓이 곱하기 그 높이이다. 그리고 원뿔의 부피는 그에 대응하는 (즉 그것과 밑면이 같고 높이가 같은) 원기둥의 부피의 3분의 1이다. 이 사실은 유클리드가 이미 알고 있었던 것으로 추정된다. 왜냐 하면, 각뿔의 부피는 그에 대응하는 (즉 그것과 밑면이 같고 높이가 같은) 각기둥의 부피의 3분의 1이라는 사실을 유클리드가 알고 있었는데, 그것을 바탕으로 추론하면, 원기둥과 원뿔 사이에도 그와 같은 관계가 성립함을 알 수 있었을 것이다.

아르키메데스는 극한 개념을 사용하였으니, 원뿔의 부피가 원기둥 부피의 3분의 1임을 엄밀하게 증명할 수 있었다. 그의 증명 방법은 다음과 같다. 여기에 어떤 원뿔, 그리고 그에 대응하는 원기둥이 있다고 하자. 그 원뿔의 부피가 원기둥 부피의 3분의 1과 같지 않다면, 먼저 그 원뿔의 부피가 원기둥 부피의 3분의 1보다 더 큰 경우를 생각하자. 그러면 그 원뿔의 부피에서 원기둥 부피의 3분의 1을 빼면, 그 결과는 어떤 '유한한 크기의 부피'가 될 것이다.

이제 그 원뿔에 외접하는 각뿔을 만들되, 그 각뿔의 밑면이 정다각형이 되도록 하고, 그 정다각형이 원뿔의 밑면인 원에 외접하도록 하고, 각뿔과 원뿔의 꼭짓점이 일치하도록 해라. 이제 그 정다각형의 변의 개수를 점점 더 많이 늘려가면서, 이 때 생기게 되는 각뿔들을 생각하자. 이 각뿔들은 원뿔을 내포하고 있으니, 그 부피는 원뿔의 부피보다 더 크다. 그런데 변의 개수가 충분이 많아지면, 그 각뿔의 부피는 그 원기둥 부피의 3분의 1에 얼마든지 가까워지도록 만들 수 있으니, 그 차이(각뿔과 원기둥 부피의 3분의 1과의 차이)가 어떠한 '유한한 크기의 부피'보다도 더 작아지도록 만들 수 있다. 이것은 모순이다. 그러므로 원뿔의 부피는 원기둥 부피의 3분의 1보다 더 클 수 없다.

마찬가지 방법으로(원뿔들에 내접하는 각뿔들을 사용하는 방법으로), 원뿔의 부피는 원기둥 부피의 3분의 1보다 더 작을 수 없음을 보일 수 있다. 그러므로 원뿔의 부피는 원기둥 부피의 3분의 1이다.

원뿔의 부피를 엄밀하게 증명하고 난 다음, 아르키메데스는 구의 부피를 연구하였다. 그는 구를 일정한 간격으로 잘게 자른 다음, 그 각각에 '각뿔대'(각뿔을 잘랐을 때 생기게 되는 입체도형)를 내접시키고, 그것들의 부피를 다 더한 다음, 극한을 취하는 방법을 사용하였다. 더하는 과정에서, 그는 닮은꼴 삼각형들의 비례식을 유용하게 사용하였다.

그는 마침내 구의 부피 공식을 구하였다. "구의 부피는, 밑면을 만드는 원의 반지름이 그 구의 반지름과 같고, 높이가 그 구의 반지름의 4배인 각뿔의 부피와 같다." 아르키메데스는 구의 부피 공식 $V=\frac{4}{3}\pi r^3$ 을 발견한 것이다!

아르키메데스는 매우 큰 수들을 표현하기 위한 수 체계를 연구한 바 있다. 이것은 시라쿠사의 국왕이 모래알의 개수는 어떠한 수로도 표현이 불가능한 (무한대) 개수일 것이라고 그에게 문의한 것이 계기가 되어서 연구한 것이다. 아르키메데스는 시라쿠사의 모든 모래알은 물론이고, 시칠리아 섬 전체의 모든 모래알 개수, 이탈리아 전체의 모든 모래알 개수, 지구 전체의 모든 모래알 개수, 아니 우주 전체가 모두 모래알로 가득하다 하더라도, 그 개수를 어떤 숫자로 표현하는 것이 가능하다고 답하였다.

아르키메데스가 제시한 것은 '만(10,000)'을 기본으로 하는 수 체계이다. 그는

만, 만의 만, 만의 만의 만, 만의 만의 만의 만, ……

으로 올라가는 수 체계를 고안하였다. 이는 동양 수학에서의

만, 억, 조, 경, 해, 자, 양, 구, ……

와 동일한 개념으로서, 아르키메데스는 일종의 지수 체계를 제시해 놓은 것이다.

아르키메데스가 내린 결론은, 우주 전체(지구에서 태양까지의 거리를 반지름으로 하는 구)가 모래알로 가득하다 하더라도, 그 개수는 8×10^{63} 이하라는 것이다. 인도 철학에서 등장하는 '항하사'라는 용어가 갠지즈 강의 모래알의 개수를 뜻하며, 10^{52} 인 것과 일맥상통하는 결론이었다.

오늘날 현대 과학의 이론으로 살펴보면, 우주의 나이는 약 138억 년, 관측 가능한 우주의 크기는 약 910억 광년, 그 우주 속에 들어있는 모든 물질들의 양성자(또는 전자)의 개수가 약 10^{80} 개 이하로 추정, 계산되니, 아르키메데스의 혜안은 과히 2,000년 세월을 앞섰다고 하겠다.

천상의 안내자

프톨레마이오스

천상의 안내자 프톨레마이오스

클라우디오스 프톨레마이오스(Claudios Ptolemaios, A.D. 100~A.D. 170)는 이집트 알렉산드리아에서 활동한 천문학자, 수학자, 지리학자, 점성술사이다. 그 당시 이집트는 로마의 지배를 받고 있었다. 그는 로마 시민권자였으며, 그리스어로 책들을 저술하였다. 프톨레마이오스의 개인사에 대해서는 잘 알려져 있지 않다. 그가 알렉산드리아 이외의 지역에서 활동한 것 같지는 않다.

프톨레마이오스는 여러 권의 저술들을 남겼지만, 후대 비잔틴, 이슬람, 유럽에 크게 영향을 끼친 중요한 저술은 [알마게스트], [지리지], [아포텔레스마티카]를 꼽을 수 있다. 가장 중요한 것은 [알마게스트]로서, 이것은 그 당시의 천문학 지식을 집대성한 것이다.

[알마게스트]의 원래 제목은 "수학적 저술"이었으며, 그 후 "위대한 저술"로 알려지게 되었다. "알마게스트"라는 제목은 아랍어로 "위대한 저술"을 뜻한다. 이는 중세에 그 아랍어 판본이 유럽에 역으로 번역되어 알려지면서 붙은 이름이다.

고대 그리스의 위대한 저술들 중에 상당수는 정작 유럽에서 자취를 감추고, 아랍어 번역본들로써 그 명맥을 유지하다가, 중세에 역으로 라틴어 등등 유럽어로 번역되어 본고장 유럽에 알려지게 되었다. 유클리드, 아르키메데스, 프톨레마이오스의 저작물들이 모두 그런 운명을 겪었다. 고대 그리스 문명의 집합소였던 알렉산드리아의 도서관이 외적의 침입으로 불타버린 것이 그 이유 중의 하나이다.

프톨레마이오스의 [지리지]는 그 당시 그리스, 로마 제국에서 알고 있던 모든 지리학적 지식들을 철저하게 다루어 놓은 저술로서, 후대에 오랜 세월 지리학의 표준 교재로 사용되었다.

[아포텔레스마티카]는 점성술에 관한 책이다. 프톨레마이오스는 점성술을 아리스토텔레스(Aristoteles, B.C. 384 ~ B.C. 322)의 자연철학과 조화를 이루도록 만들려고 시도하였다. 이 책은 흔히 "테트라 비블로스"라 부르는데, "테트라 비블로스"라는 말은 그리스어로서 '네 권의 책들'이라는 뜻이다.

'클라우디오스'라는 이름은 로마 제국에서 일종의 '가족명' 또는 '가문명'이었다. 바꿔 말하면, "클라우디오스 프톨레마이오스"라는 이름은 '프톨레마이오스 가문의 사람'이라는 뜻이다. "프톨레마이오스"라는 '성'은 그리스 민족이 사용하던 것으로서, 알렉산더 대왕의 부하 장군이던 프톨레마이오스가 이집트를 통치하게 된 이후, 이집트를 다스린 왕조는 (B.C. 30년에 로마에 의해 부속될 때까지) '프톨레마이오스 왕조'였다.

이 이름의 일치 때문에, 클라우디오스 프톨레마이오스가 이집트 왕가의 후손이라는 설도 있지만, 이는 뒷받침해 주는 근거가 전혀 없는 공허한 설에 불과하다. 이방인들이 큰 공을 세우거나 기타 이유로 로마 시민권을 취득하게 되면, 로마의 귀족이나 또는 황제의 성을 하사받아 사용하는 경우가 흔히 있었다. 그러니 그의 조상이 이집트에서 로마 시민권을 취득하면서, 이집트 왕의 성을 하사받아 사용하게 된 것으로 추정된다.

"클라우디오스 프톨레마이오스"라는 이름이 '프톨레마이오스 가문의 사람'을 뜻하니, 그 개인을 가리키는 이름이 따로 있었겠지만, 그의 (진짜 개인의) 이름은 알려져 있지 않다.

알렉산드리아는 그리스 문화의 집합소였으며, 중동에 가까운 위치 때문에, 고대 바빌론 및 페니키아의 천문학 관측 자료들도 손에 넣을 수 있었다. 프톨레마이오스는 그 이전 800년에 걸친 선대 천문학자들의 관측 결과들을 추려서, 그에 맞춰 자신의 기하학적 모델을 개발하였다. 물론, 프톨레마이오스 본인도 뛰어난 천체 관측자였다. 프톨레마이오스는 [알마게스트]에서 그의 천문학적 모델을 편리한 표들로써 제시하였다. 그러니 그것들을 사용하여 과거 또는 미래의 행성들의 위치를 계산할 수 있다.

행성 운행에 관한 프톨레마이오스의 이론은 기본적으로 천동설이었다. 즉 지구는 움직이지 않으며, 태양 및 행성들이 지구를 중심으로 공전 운동을 한다는 이론이었다. 그리고 그 공전 궤도들은 원궤도가 기본이었다. 그렇지만 행성들의 미묘한 움직임을 정확하게 묘사하기 위하여, 이심원, 모원과 부속원 등을 도입하여 변화를 주었다. 행성 운행에 관한 이러한 이론은 아리스토텔레스의 철학을 근본으로 한다.

'이심원'이란, 그 공전 궤도가 원궤도이지만, 관측자가 그 원의 중심에 놓여 있지 않고, 원의 중심에서 약간 떨어진 위치에 놓여 있는 원궤도를 말한다. 이심원이 등장하게 되는 근본적인 이유는, 행성의 공전 궤도가 사실은 태양을 하나의 초점으로 하는 타원 궤도이기 때문이다. 즉 행성의 타원 궤도의 중심에 태양이 놓여 있지 않고, 타원의 중심에서 약간 떨어진 위치에 태양이 놓여 있기 때문이다. 물론, 이 사실은 1609년에 케플러(Johannes Kepler, 1571 ~ 1630)가 [신천문학]을 출판하여서, 행성 운행에 관한 케플러의 제1, 제2법칙을 발표하면서 비로소 알려지게 된다.

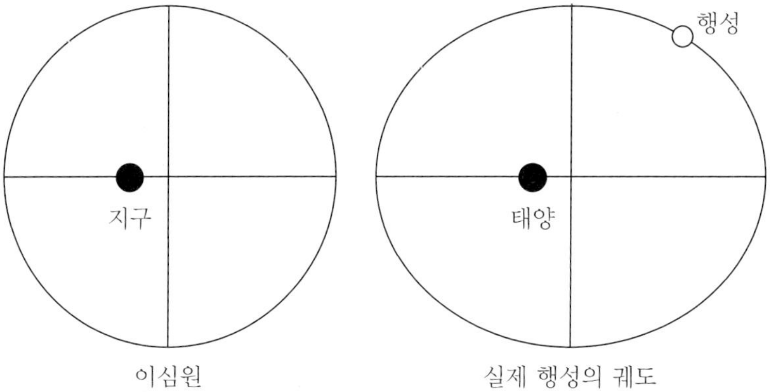

그림 1

'모원'과 '부속원'이란, 어떤 큰 원을 그리고, 그 원둘레의 한 점을 중심으로 하여 작은 원을 그리는 것을 말한다. 이 때 그 큰 원이 '모원'이며, 작은 원이 '부속원'이다. 그리고 이 때 모원은 '이심원'이 되어야 한다. 바꿔 말하면, 모원의 중심에 지구가 놓여 있는 것이 아니라, 중심에서 약간 떨어진 위치에 지구가 놓여 있어야 한다. 이제 모원이 회전하고, 그 원둘레에 놓여 있는 작은 부속원이 회전한다고 생각하자. 그것이 행성의 운동을 나타낸다.

이것을 물리학적 모델로 만들어보면 다음과 같다. 먼저 큰 바퀴가 있다고 하자. 그 큰 바퀴 둘레의 어느 한 점을 중심으로 하여 작은 바퀴를 붙여 놓았다고 하자. 작은 바퀴 둘레의 어느 한 점을 빨간색 페인트를 칠해서 표시를 하자. 이제 큰 바퀴와 작은 바퀴를 돌리자. 그러면 그 빨간색 점의 운동이 바로 행성의 공전 운동이다. 이것을 관측하는 사람은 (바꿔 말하면, 지구는) 그 큰 바퀴의 중심에서 약간 떨어진 위치에 놓여 있어야 한다.

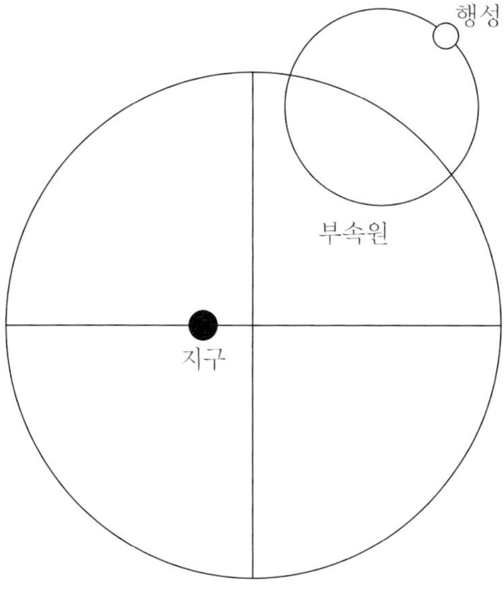

그림 2

프톨레마이오스의 이러한 이론은 상당히 복잡하며, 물리학적 관점에서 보면 납득하기 어려운 면이 있다. 행성이란 거대한 물체인데, 그것이 물리적 실체가 없는 가상의 한 점을 중심으로 회전한다는 것은 매우 이상한 일이다. 지구가 왜 원의 중심에서 약간 떨어진 위치에 놓여 있어야 하는지도 의문이다. 그렇지만 프톨레마이오스의 이론은 행성의 위치를 가장 정확하게 표현해 주는 이론이었기 때문에, 그 이후 중세에 이르기까지 중동 및 서양의 천문학을 지배하였다.

프톨레마이오스의 다른 중요한 저술은 [지리지]이다. 이것은 그 시대 로마 제국에 알려진 모든 세계의 지리학적 좌표를 모아 놓은 것이다. 그가 알고 있는 모든 나라, 모든 도시들에 대하여 가로, 세로의 좌표들을 부여하였다. 바꿔 말하면, 경도, 위도를 부여하였다.

위도를 계산하는 것은 비교적 간단한 측정으로서, 고대에도 중요 도시들의 위도는 상당히 정확하게 알려져 있었다. 그렇지만 경도를 계산하는 것은 매우 어려운 일이다. 중요 도시들 사이의 가로(바꿔 말하면, 동서 방향의) 거리를 정확하게 알아야 가능한 일이다.

프톨레마이오스가 알고 있던 세계의 가장 서쪽은 아프리카 대륙 인근의 카나리아 제도였고, 가장 동쪽은 중국이었다. (한국 또는 일본은 알려지지 않았다.) 그러니 아메리카 대륙은 물론이고, 세계에서 가장 크고 넓은 태평양도 알려지지 않은 상황이었다. 게다가 유럽과 중국의 경도 차이를 측정할 방법은 도저히 없었다.

그러니 그의 [지리지]가 지구의 둘레를 크게 왜곡한 지식을 후대에 전달하였음은 불가피한 결과였다. 물론, 지리학자들은 그 이후 온갖 지리학적 발견 또는 측정 결과들을 계속 추가하여서, 유럽의 세계지도는 계속 발전해 나갔다. 그렇지만 1400년대 후반 무렵 유럽에서 인쇄되어 나온 세계지도들도 프톨레마이오스의 [지리지]를 바탕으로 하였으니, 왜곡은 불가피하였다.

콜럼버스(Christopher Columbus, 1451 ~ 1506)는 이러한 (아메리카 대륙 및 태평양이 없는) 지도를 바탕으로 동양으로의 항해를 계획하였고, 카나리아 제도에서 대서양의 서쪽으로 한 달 남짓 항해하면 일본에 닿게 될 것이라고 추정하였다. 이는 지구의 크기를 턱도 없이 작게 잡은 어처구니없는 계획이었다. 콜럼버스의 무모한 항해는 아메리카 대륙이라는 미지의 대륙을 발견하는 결과를 낳았으며, 이는 세계사의 흐름을 완전히 바꾸어 놓았다. 결론적으로 말하면, 프톨레마이오스의 [지리지]는 그의 다른 어떠한 저술들보다도 더욱 크게 세상을 바꾼 것이다.

0을 발견한 인도의 수학자

브라마굽타

0을 발견한 인도의 수학자 브라마굽타

브라마굽타(Brahmagupta, 598 ~ 665)는 서기 600년대에 인도에서 활동한 수학자, 천문학자이다. 그는 '영(0)'을 하나의 수로서 인정하고 사용한 최초의 수학자이다. 고대 바빌로니아 인들은 수들을 나타낼 때 어떤 자리에 수가 없음을 (그렇지만 그 자리 자체는 표기해 두어야 그 다음 자리로 넘어가기 때문에) 나타내는 어떤 부호를 사용한 바 있다. 그리고 알렉산드리아의 프톨레마이오스 및 로마 수학자들은 어떠한 양도 없음을 나타내는 어떤 기호를 사용한 바 있다. 그렇지만 어떠한 양도 없음을 나타내는 '영' 자체를 하나의 '수'로서 인정하고 덧셈, 뺄셈 등의 연산에 사용한 사람은 브라마굽타가 최초이다.

브라마굽타가 이렇게 (서양의 철학자들이 감히 할 수 없었던 일인) 수의 영역을 확장할 수 있었던 까닭은, 인도 철학이 그만큼 심오하게 '무(아무것도 없음)'의 존재를 탐구하였기 때문일 것이다. 물론, 브라마굽타 본인이 수학의 대천재였기 때문에 가능한 일이기도 하다.

오늘날 전 세계 모든 사람들이 편리하게 사용하는 숫자 기호

1, 2, 3, 4, 5, 6, 7, 8, 9, 0

은 인도에서 기원한다. 인도 북부를 지배하였던 굽타 왕조(320 ~ 520) 시절에 상인들이 수를 나타내는 그들 나름의 기호를 고안하

여 사용하였으며, 그 기호가 훗날 중동 아라비아 지역으로 전파되고 개량되어서, 오늘날의 아라비아 숫자가 된 것이다.

브라마굽타는 인도 북서부 빈말 지역에서 출생하여 거기에서 활동하였으며, 말년에는 우이잔 지역으로 옮겨갔다. 우이잔 지역은 그 당시 인도에서 가장 천문학이 발달한 지역이었다. 브라마굽타의 개인사에 대해서는 알려진 것이 그리 많지 않다. 힌두교가 지배하는 인도가 엄격한 계급 사회임을 감안하면, 그는 아마 최상위 브라만(Brahman, 승려) 계층이었을 것이다.

그가 남긴 가장 중요한 저술은 628년에 출판된 [올바르게 확립한 브라마의 이론]이라는 책이다. 이것은 여러 가지 산술 연산들을 다루어 놓은 수학 계산서이다. 그렇지만 이 책은 숫자 기호 또는 수학 기호들은 담고 있지 않으며, 산스크리트어로 기술된 '시'의 형식으로 되어 있다. 그렇지만 이 책은 영 및 음수의 산술 연산을 최초로 기술해 놓은 수학책이다.

브라마굽타는 [올바르게 확립한 브라마의 이론]에서 다음의 산술 규칙들을 제시해 놓았다.

- 두 개의 양수들의 합은 양수이다.
- 두 개의 음수들의 합은 음수이다.
- 영과 음수의 합은 음수이다.
- 영과 양수의 합은 양수이다.
- 영과 영의 합은 영이다.

- 양수와 음수의 합은 그 차이인데, 그들이 같으면 영이 된다.
- 뺄셈(차)은, 양수와 양수인 경우, 큰 것에서 작은 것을 뺀다.
- 뺄셈(차)은, 음수와 음수인 경우, 큰 것에서 작은 것을 뺀다.
- 그런데 작은 것에서 큰 것을 빼면, 그 결과는 거꾸로 된다.
- 양수에서 음수를 빼거나 또는 음수에서 양수를 빼는 경우, 그들을 더해야 한다.
- 양수와 음수의 곱은 음수가 된다.
- 음수와 음수의 곱은 양수가 된다.
- 양수와 양수의 곱은 양수가 된다.
- 양수 나누기 양수 또는 음수 나누기 음수는 양수가 된다.
- 양수 나누기 음수는 음수가 된다.
- 음수 나누기 양수는 음수가 된다.
- 영 나누기 영은 영이 된다.
- 영 나누기 양수 또는 음수는 영이 되거나, 또는 분수로서 분자가 영, 분모가 유한한 수로써 표현된다.
- 양수 또는 음수 나누기 영은 분모가 영인 분수로 표현된다.

현대의 수학 지식으로 판단해 보면, 영으로 나누는 개념은 성립하지 않는다. 그렇지만 음수를 양수와 마찬가지의 수로서 인정하고 연산 규칙을 제시한 것은 서양에 비해서 1,000년을 앞섰다고 볼 수 있다. 서양에서는 영 및 음수를 적법한 수들로서 인정하고 받아들이기까지 오랜 세월을 허비해야 했다.

브라마굽타는 이차방정식의 근의 공식도 제시해 놓았다. 그 공식을 그가 독자적으로 구하였는지, 아니면 그리스 기하학의 도움을 받아서 구하였는지 여부는 판단하기 어렵다. 유클리드가 [기하학 원론]에서 이차방정식의 근의 공식을 제시한 지 이미 1,000년 가까운 세월이 흘렀으니, 유클리드의 이론이 중동을 거쳐 인도에 유입되었을 가능성도 배제할 수 없다.

브라마굽타의 [올바르게 확립한 브라마의 이론]에는 천문학 이론도 담겨 있다. 그는 행성들의 운항과 그들의 위치에 관련한 계산 방법을 제시하였고, 일식, 월식에 관한 계산 방법도 제시하였다. 달의 위상 변화와 관련하여서, 태양보다 달이 더 멀리 위치해 있다는 이론에 의문을 제기하였다. 힌두교의 경전인 베다에는 태양보다 달이 더 멀리 위치한다고 기술되어 있었던 것이다.

브라마굽타는 달빛은 태양빛을 받아 반사하는 것이라고 주장하면서, 그 위상 변화와 주기를 고려할 때, 달은 절대로 태양보다 더 멀리 위치할 수 없음을 주장하였다.

> "만약에 달이 태양보다 더 멀리 위치한다면, 달이 어떻게 전부 다 찼다가 전부 다 사라지는 변화가 주기에 따라서 일정하게 일어날 수 있는가? 달은 절반 이상이 항상 밝게 빛나야 할 것이다."
> "햇빛 아래에 주전자를 놓으면, 빛을 받는 절반은 밝게 빛나고, 빛을 받지 못하는 절반은 어둡다. 주전자와 마찬가지로, 달은 햇빛을 받는 부분이 밝게 빛나서 보이는 것이다."
> "태양 쪽으로 향하는 면일수록 더 밝게 빛난다. 반달인 경우를 생각해 보라. 태양을 향한 반쪽은 밝게 빛나며, 다른 (태양을 향하지 않은) 반쪽은 어두워 보이지 않는다."

브라마굽타는 지구를 중심점으로 하여 태양과 달이 만드는 각에 따라서 달의 밝게 빛나는 부분의 크기가 결정됨을 증명하였다. 태양과 달의 거리에 관한 그의 이론은 명쾌하게 진실을 증명해 주고 있다. 그렇지만 갈릴레오(Galileo Galilei, 1564~1642)의 종교 재판을 보면 알 수 있듯이, 강력한 종교가 지배하는 사회에서, 그 종교의 경전에 위배되는 사실을 주장하는 것은 상당한 용기를 필요로 하는 일이다. 브라마굽타 본인이 승려였음을 감안하면 더욱 그렇다. 석가모니 이후 1,200여 년 만에, 인도가 다시 한 명의 위대한 브라만을 탄생시킨 것이다.

중동의 찬란한 보석

알 화리즈미

중동의 찬란한 보석 알 화리즈미

알 화리즈미(780~850)는 중동이 낳은 위대한 수학자, 천문학자이다. 그의 출생지는 화레즘(오늘날의 우즈베키스탄) 지역인 것으로 알려져 있다. 알 화리즈미는 어렸을 때 아버지에게서 수학을 배웠는데, 곧 천재적인 소질을 드러냈다. 그래서 그는 멀리 바그다드로 유학을 갔으며, 그 이후 바그다드에서 학자로서 활동하였다. 그 당시 바그다드는 이슬람 문화권의 학문적, 경제적 수도 역할을 하였으며, 중동 지역은 물론이고 멀리 유럽, 인도, 중국의 상인들 및 학자들이 바그다드를 방문하고 있었다.

알 화리즈미의 가장 중요한 업적은 인도·아라비아의 숫자 표기 기호

1, 2, 3, 4, 5, 6, 7, 8, 9, 0

을 널리 보급한 일이다. 그리고 그에 못지않게 중요한 업적은, 수학이 기하학 중심에서 대수학 중심으로 넘어가도록 만든 일이다. 고대 문화권인 중국, 이집트, 메소포타미아, 그리스 등지에서 수학이 탄생한 초기에는 모두 기하학이 중심이 되었다. 그 이후 기하학은 상당한 발전을 이룩하였지만, 그의 시대에 이르러서, 기하학이 중심이 된 수학은 그 발전이 한계에 이른 정체 상태였다.

도형과 그 넓이, 부피는 물론이고, 자연수, 유리수, 무리수 등등을 포괄적으로 다룰 수 있는 수학의 새로운 패러다임이 절실하게

요구되던 상황이었다. 상업의 발전에 따른 복잡한 계산의 필요성도 대두되었고, 물리학, 천문학, 역학 등의 여러 분야에 응용될 수 있는 수학 이론들이 요구되던 시절이었다.

수학이 한 단계 더 도약하기 위해서는, 대수학이라는 새로운 패러다임이 꼭 필요한 일이었다. '알고리듬(Algorithm)' 그리고 '알제브라(Algebra, 대수학)'라는 용어 자체가 알 화리즈미의 이름 및 그가 저술한 책의 제목에서 유래하였을 정도로, 그는 대수학을 탄생시킨 주인공이었다.

알 화리즈미는 825년에 [인도 숫자들을 사용한 계산법]이라는 책을 출판하였다. 이 책은 인도·아라비아 숫자 기호를 중동과 유럽에 보급하는 데 가장 큰 역할을 하였다. 이 책이 라틴어로 번역되어 유럽에 보급될 때, 저자 알 화리즈미의 이름이 라틴어로 'Algoritmi'라 소개되었으며, 이 단어가 바뀌어서 '알고리듬(Algorithm)'이라는 용어가 되었다.

알 화리즈미는 830년에 [복원과 이전의 방법을 사용한 계산법]이라는 책을 출판하였다. 이 책은 무역, 상업, 측량, 상속 및 분할 등의 광범위한 실용 문제들을 다루어 놓은 수학의 계산서이다. 이 책에서 그가 사용한 중요한 계산 기법은, 방정식의 양쪽에 동일한 수를 더하거나 빼 주어서, 어떤 항들을 사라지게 하거나 또는 이동해 주는 계산법이었다. 책의 제목에 나오는 '복원'과 '이전'이라는 용어들이 바로 그러한 기법을 나타낸다. 특히 '복원' 기법을 아랍어로 "알자브르"라 부르며, "알제브라(Algebra)"라는 용어가 바로

"알자브르"에서 유래하였다.

수학이 발달한 오늘날, 방정식 또는 등식의 양변에 같은 항을 더해 주거나 또는 빼 주는 방법으로 방정식 또는 등식을 변화시켜 나가는 방법을, 우리들은 당연하게 여기며 사용한다. 이러한 방법을 사용하여 항들을 이항하여 동류항들끼리 모아 더하거나 빼 주어서, 방정식을 간단하게 만들어서 근을 구하게 된다. 그렇지만 알 화리즈미 이전의 시대에는 이 방법이 당연한 것이 아니었다.

알 화리즈미는 이 책에서 일차방정식 및 이차방정식의 풀이법을 매우 길고 상세하게 다루어 놓았다. 그가 사용한 기법은 '복원'과 '이전'이었다. '복원(알자브르)'이란 음수인 항들을 없애는 기법으로서, 방정식(또는 등식)의 양변에 그것을 상쇄해 줄 양수항을 더해 주는 것이다. 예를 들어, 방정식

$$x^2 - 3x = 7x$$

가 있다고 하자. 이 방정식의 양변에다 $3x$를 더해 주어라. 그러면

$$x^2 = 10x$$

라는 방정식을 얻게 되며, 새로이 얻은 이 방정식에는 음수항이 사라지고 없다.

'이전'이란 양수인 항들을 다른 변으로 옮겨 동류항들끼리 모아 더하는 기법으로서, 방정식(또는 등식)의 양변에 그것을 빼 주는 방법으로, 그것을 다른 변으로 옮겨 주는 것이다. 예를 들어, 방정식

$$x^2 + 3x = 7x$$

가 있다고 하자. 이 방정식의 양변에다 $3x$를 빼 주어라. 그러면

$$x^2 = 4x$$

라는 방정식을 얻게 되며, 새로이 얻은 이 방정식은 동류항들이 한 곳에 모여 정리되었다.

그는 이 두 가지 기법들을 사용하여서, 일차방정식 및 이차방정식의 모양을 변환하여 다음의 여섯 가지 기본 형태들로 전환시켰다. (우리들은 수학 기호들을 사용하여 이 모든 변화들을 일목요연하게 살펴볼 수 있지만, 알 화리즈미의 시대에는 이런 수학 기호들이 사용되지 않았다. 그는 이 모든 것들을 아랍어로 길게 서술해 놓았으며, 그 기법들을 여러 번 되풀이해 많은 문제들을 풀어 놓아야 했다.)

- 제곱이 근과 같은 형태 ($ax^2 = bx$)
- 제곱이 수와 같은 형태 ($ax^2 = c$)
- 근이 수와 같은 형태 ($bx = c$)
- 제곱과 근의 합이 수와 같은 형태 ($ax^2 + bx = c$)
- 제곱과 수의 합이 근과 같은 형태 ($ax^2 + c = bx$)
- 근과 수의 합이 제곱과 같은 형태 ($bx + c = ax^2$)

여기서 a, b, c는 양의 정수들이다. 이렇게 기본 형태들로 전환하고 난 뒤, 일차방정식 또는 제곱이 근과 같은 형태의 이차방정

식은 쉽게 풀 수 있다. 조금 어려운 형태, 이를테면 $ax^2 + c = bx$ 형태의 이차방정식은 다음과 같은 방법으로 근을 구하였다.

예를 들어, 방정식 $x^2 + 16 = 10x$의 경우를 생각하자. 이 방정식의 두 근을 p, q라 하자. 그러면

$$\frac{p+q}{2} = 5, \quad pq = 16$$

이 성립한다. 그런데

$$\frac{p-q}{2} = \sqrt{\left(\frac{p+q}{2}\right)^2 - pq} = \sqrt{25-16} = 3$$

그러므로 근들은 다음과 주어진다.

$$p = \frac{p+q}{2} + \frac{p-q}{2} = 5 + 3 = 8$$

$$q = \frac{p+q}{2} - \frac{p-q}{2} = 5 - 3 = 2$$

알 화리즈미는 천문학에도 크게 기여하였다. 그가 출판한 [인더스, 인도의 천문학 표]는 방대한 천문학 서적으로서, 태양, 달과 5개의 행성들(수성, 금성, 화성, 목성, 토성)의 궤도에 관한 표를 실어놓았으며, 사인(sine) 및 코사인(cosine) 함수값에 대한 표도 싣고 있다. 그의 이 책은 중동 이슬람 문화권의 천문학 발전의 시발점이 되었다. 알 화리즈미는 지리학에도 크게 기여하였다. 그는 프톨레마이오스의 [지리지]를 바탕으로, 더욱 올바른 세계지도를 제작하였다.

카르다노(Girolamo Cardano, 1501 ~ 1576)는 삼차방정식의 풀이법을 소개한 자신의 저서 [아르스 마그나]의 첫마디에서 “이 풀이법은 알 화리즈미가 처음 개발하였다.”고 적어 놓아서, 방정식의 풀이법과 대수학의 발전에 기여한 그의 공훈을 치하하였다. 알 화리즈미는 중동 이슬람 문화권이 낳은 가장 위대한 수학자이다.

중심을 잘 잡은

코페르니쿠스

중심을 잘 잡은 코페르니쿠스

코페르니쿠스(Nicolaus Copernicus, 1473~1543)는 르네상스 시대의 수학자이자 천문학자이다. 그는 당시의 주류 천문학 이론이던 지구 중심의 천동설 이론을 뒤엎고, 태양이 우주의 중심에 놓여 있는 태양계 체계를 제시하였다. 고대 그리스의 피타고라스 학파 학자인 아리스타쿠스(Aristarchus of Samos, B.C. 310~B.C. 230)가 지동설 이론을 주창한 바 있지만, 코페르니쿠스의 태양 중심 지동설 이론은 고대 그리스의 지동설 이론과는 독립적으로 발견, 연구하여 제시한 것이다.

코페르니쿠스 1543년에 [천구의 회전]이라는 책을 출판하여 자신의 이론을 발표하였는데, 이 책은 그가 사망하기 직전에 출판되었다. 아리스토텔레스, 프톨레마이오스로 이어져 내려온 천동설은 2,000여 년 동안 유럽의 철학계를 지배해 온 주류 이론이었으며, 그것에 반대되는 이론을 제시한다는 것은 상상조차 할 수 없던 시절이었다. 코페르니쿠스의 이 책의 출판은 과학의 역사를 바꾼 중차대한 사건이며, 케플러, 갈릴레오, 뉴턴으로 이어지는 과학 혁명의 도화선이었다. 오늘날에도 기존의 이론을 뒤엎는 어떤 획기적인 이론을 가리켜 "코페르니쿠스적 발상의 전환"이라 부른다.

코페르니쿠스는 1473년에 폴란드의 토룬에서 출생하였다. 그의 아버지는 크라코프의 상인이었으며, 어머니는 토룬의 부유한 상인의 딸이었다. 그들은 4명의 자녀들을 두었는데, 니콜라우스 코페르니쿠스는 막내였다. 그의 형은 훗날 그와 같이 성직자가 되었다. 코페르니쿠스는 성직자로서 일생을 보냈기 때문에, 결혼한 적이 없으며, 자녀도 없다.

코페르니쿠스는 크라코프 대학(현재는 야기엘로 대학)에서 학업을 시작하였다. 그 당시 크라코프는 폴란드의 수도였으며, 크라코프 대학은 수학 및 천문학의 융성기를 누리고 있었다. 코페르니쿠스는 크라코프 대학에서 아리스토텔레스의 자연철학을 비롯하여 수학, 천문학의 기본 지식들을 배울 수 있었다. 이 때 배운 수학 및 천문학의 지식들은 그가 훗날 천문 관측을 통하여 자신의 새로운 천문학 이론을 확립해 나가는 데 밑거름이 되었다.

코페르니쿠스는 성직자였던 외삼촌의 영향을 받아서 사제 서품을 받아 성직자의 길을 걷게 되었다. 그는 이탈리아로 유학을 가서 교회법 및 의학을 공부하였는데, 그 비용은 물론 교회에서 부담해 주었다. 코페르니쿠스는 1496년부터 1501년까지 이탈리아의 볼로냐에서 유학하였으며, 1500년에는 로마를 방문하였다. 1501년부터 1503년까지는 파도바 대학에서 공부하였으며, 1503년에 페라라에서 교회법 박사학위를 받았다. 코페르니쿠스는 1503년 가을에 폴란드로 귀국한 이후에는 폴란드를 떠나지 않았다.

코페르니쿠스의 직업은 성직자였으며, 천문 관측은 그의 일생에 걸친 부업 내지 취미였다고 할 수 있다. 성직자로서의 직무를 마치고 나서, 그는 매일 밤에 천체를 관측하곤 하였다. 로마 유학 시절에도 중요한 천문 현상들을 관측하는 등, 40년 이상에 걸쳐서 꾸

준하게 천문 관측을 행하였다.

그 당시 폴란드의 성직자들은 교회의 일에만 전념하는 것이 아니었다. 성직자들은 그 지역, 그 도시의 행정적 업무는 물론이고, 재판, 징세 등의 업무도 관할하였다. 바꿔 말하면, 성직자들은 사실상 그 지역을 통치하는 정치인이었다. 일부 성직자들은 그러한 권한을 남용하여서 재산을 모으거나 또는 축첩 등 타락하는 경우도 있었다. 그러나 코페르니쿠스는 일생동안 청렴하고 고결한 성직자로서의 삶을 유지하였다.

폴란드는 가끔 독일 게르만 기사단의 침입을 받아 전란에 휩싸이기도 하였다. 그런 경우를 제외하면, 코페르니쿠스의 삶은 일생동안 평온한 가운데 흘러갔다. 그는 가정이 없는 독신자였으니, 교회 및 행정적 업무 이외의 일에 크게 신경을 쓰거나 시간을 빼앗길 게 없었다. 일과를 마치고 난 후, 매일 밤 조용히 자신의 취미생활에 집중할 수 있었다.

프톨레마이오스의 [알마게스트]는 그 시대에 이르기까지 유럽의 천문학을 지배하고 있었다. 그것을 능가하는 '천문학 표'가 존재하지 않았던 것이다. 코페르니쿠스는 40여 년 이상에 걸친 꾸준하고 정확한 천문 관측을 통하여, 많은 천문학 데이터들을 축적하였다. 마침내 [알마게스트]를 능가할 수 있는 천문학 책을 저술하기에 충분한 자료를 수집한 것이다.

코페르니쿠스는 행성 운동의 이론에 관하여 깊게 고찰하였다. 수성, 금성, 화성, 목성, 토성의 5개 행성들은 동양, 서양을 막론하고 고대 문명 세계에서 이미 관측한 것들이었다. 그 위치가 고정되어 움직이지 않는 항성들과 달리, 이들 5개의 별들은 그 위치가 변화함이 이미 2000년 전부터 관측되었던 것이다.

행성들은 대부분의 기간 동안 일정한 방향으로 움직이는 '순행' 운동을 하지만, 때때로 그와 반대되는 방향으로 움직이는 '역행' 운동을 한다. 특히 화성이 그 역행 운동이 두드러진다. 프톨레마이오스가 모원, 부속원을 도입한 이유가 바로 그 역행 운동을 설명하기 위한 것이었다. 그리고 모원, 부속원은 역행 운동을 완벽하게 설명해 주었기 때문에, [알마게스트]가 천문학의 바이블로서 오랜 세월 칭송받아 온 것이었다.

그러나 행성들의 운동이란 종이 위에서 펼쳐지는 공허한 수학 이론이 아니라 천상에서 실제로 일어나는 물리적 현상이다. 행성들이란 지구와 거의 맞먹는 (또는 더욱 거대할지도 모를) 어마어마하게 큰 물체이다. 그런 물체가 물리적인 실체가 전혀 없는 가상의 한 점을 중심으로 하여 회전한다는 것은 아무리 생각해도 이상한 일이었다.

태양과 지구 사이의 관계도 매우 이상했다. 지구와 비교해서 태양이 훨씬 더 크다는 사실은 철학자들과 천문학자들 사이에 이미 공감대가 형성되어 있었다. 그렇다면 거대한 태양이 지구를 중심으로 하여 회전하는 것보다, 작은 지구가 거대한 태양을 중심으로 하여 회전하는 편이 훨씬 더 자연스럽지 않은가?

그리고 5개의 행성들과 그 성질이 비슷한 물체를 고르라면, 태양을 골라야 하겠는가? 아니면 지구를 골라야 하겠는가? 그 어떠한 성질을 살펴보더라도, 5개의 행성들과 비슷한 물체는 태양이 아니라 지구이다. 그렇다면 지구가 태양계 내에서 다른 행성들에 비해서 훨씬 더 특별한 대우를 받아야 할 이유는 없다. 태양계 내에서 특별한 대우를 받아야 할 존재가 있다면, 그것은 바로 '태양' 본인일 것이다.

코페르니쿠스는 이 문제에 대해서 오랜 세월 고심을 거듭하였다. 물론, 그는 기존의 모원, 부속원 이론을 비판 없이 받아들여 사용할 수도 있었다. 프톨레마이오스의 체계를 그대로 따른다 하더라도, 코페르니쿠스 자신의 관측 결과들을 충분히 제시하고 설명할 수 있었으며, 천문학자들은 (기존의 이론과 똑같으니) 더 쉽게 받아들여 줄 것이다. 그렇지만 코페르니쿠스 자신이 납득할 수 없는 이론을 제시할 수는 없었다. 그것은 과학자로서의 양심이 용납하지 않는 일이었다.

그러다가 문득 코페르니쿠스는 놀라운 사실을 깨닫게 되었다. 지구, 행성, 부속원의 중심을 꼭짓점으로 가지는 평행사변형을 그려 보았더니, 평행사변형의 나머지 한 꼭짓점에 태양이 놓여 있었다! 그것도 항상! 코페르니쿠스는 깜짝 놀랐다. 그것은 전혀 예상치 못한 놀라운 발견이었다.

코페르니쿠스는 태양을 중심으로 하여 부속원과 크기가 같은 원을 그려 보았다. 그러자 모든 것들이 명명백백하게 드러났다. 부속원은 태양을 중심으로 회전하는 지구의 공전 궤도였던 것이다! (지구는 모원의 중심에서 약간 떨어진 위치에 놓여 있지만, 좀더 쉽고 간단한 논리 전개를 위하여, 여기서는 지구가 모원의 중심에 놓여 있다고 가정하였다.)

이제 코페르니쿠스는 자신의 태양계 이론을 완성할 수 있었다. 태양계의 한가운데에 놓여 있는 물체는 태양이며, 태양은 움직이지 않는다. 태양의 안쪽에서부터 바깥쪽으로, 수성, 금성, 지구, 화성, 목성, 토성의 순서로 행성들이 놓여 있다. 코페르니쿠스의 놀라운 발견의 보너스로서, 행성들의 공전 궤도의 반지름의 비율을 구할 수 있게 되었다. 태양계의 크기를 측정할 수 있는 길이 열린 것이다.

코페르니쿠스가 천문학 서적을 저술하기에 충분한 데이터를 축적하였다는 소문은 유럽의 학계에 퍼져나갔으며, 많은 학자들과 동료 성직자들이 그에게 책의 출판을 권유하였다. 로마 교황청의 고위 성직자들도 그에게 출판을 요청하였다.

그 당시 교회가 직면하고 있던 큰 문제 중의 하나는 역법(달력, calendar)의 개정이었다. 유럽이 사용하고 있던 역법은 이른바 율리우스력(Julius calendar)으로서, 고대 로마의 카이사르(Julius Caesar, B.C. 100 ~ B.C. 44)가 제정하여 사용한 역법이었다. 율리우스력은 1년의 길이를 365일로 하되, 4년에 한 번씩 366일로 구성된 윤년을 넣었다. 1,600여 년 가까이 이 역법을 계속 사용하면서, 그 오차가 점점 쌓여가고 있었다. 바꿔 말하면, 윤년이 지나치게 많이 들어감에 따라서, 실제 지구의 계절에 비해서 달력의 날짜가 너무 뒤처진 결과가 되어 버렸다. 특히 교회에서 매우 중요시하는 부활절의 날짜가 점점 어긋나게 되는 심각한 문제가 생겼다. 역법의 올바른 개정을 위하여, 정확한 천문 관측 기록들이 무엇보다도 절실하게 필요하였다.

코페르니쿠스는 자신의 행성 운행 이론과 천문학 데이터들을 정리하여서, 1543년에 [천구의 회전]이라는 위대한 저서를 독일 뉘른베르크의 인쇄소에서 출판하였다. 인쇄된 책이 코페르니쿠스에게 전해져 왔을 때, 그는 죽음을 목전에 두고 있었다. 자신의 일생의 과업이 완성된 것을 보면서, 코페르니쿠스 흡족해하며 눈을 감을 수 있었다.

코페르니쿠스는 태양이 중심에 놓여 있는 자신의 태양계 체계를 제시하고, 다음과 같이 찬양하였다.

"이 모든 것들의 한가운데에 태양이 앉아 있다. 이렇게 정교하게 건축된 사원에다 횃불을 밝혀 모든 것들을 동시에 비추려면, 이보다 더 적합한 장소가 또 어디에 있겠는가? 어떤 사람들은 태양을 가리켜 우주를 밝히는 횃불이라고 하고, 우주의 심장이라 부르기도 한다. 또 어떤 사람들은 태양을 우주의 지배자라 부르는데, 이는 아주 적절한 표현이다.

고대 이집트의 사제 트리스메기스투스는 태양을 보이는 신이라고 불렀으며, 소포클레스의 엘렉트라는 태양이 모든 것을 본다고 말했다. 그렇다. 태양은 마치 왕좌에 앉아 있는 것처럼, 자신의 둘레를 돌고 있는 모든 별들을 다스린다. 그렇다고 지구를 향한 달의 경배가 없어지는 것은 아니다. 오히려 아리스토텔레스가 [동물지]에서 말했듯이, 달은 지구의 가장 가까운 친척이다. 또 지구는 태양의 비옥한 축복을 받으면서, 봄마다 초목을 풍성하게 자라게 한다."

코페르니쿠스는 자신의 이론이 프톨레마이오스의 이론보다 훨씬 더 탁월하고 합리적임을 증명하는 결정타를 제시하였다.

> "이 배열에 따르면, 신기하게도 우주를 측정할 수 있는 공통된 길이 단위가 등장한다. 행성들의 궤도 크기와 공전 주기 사이에 이렇게 조화로운 관계는 다른 어떤 배열에서도 찾아 볼 수 없다."

행성들은 태양에 가장 가까운 안쪽에서부터 가장 먼 바깥쪽에 이르기까지 수성, 금성, 지구, 화성, 목성, 토성의 순서로 배열되어 있다. 그런데 이들의 공전 주기 역시 이 순서와 일치한다. 바꿔 말하면, 안쪽에 놓여 있는 행성일수록 공전 주기가 짧고, 바깥쪽에 놓여 있는 행성일수록 공전 주기가 길다. 행성들과는 별개이지만, 가장 가까이 있는 천체인 달의 공전 주기가 가장 짧은 것도 이러한 조화와 일치하는 것 같다. 가장 멀리 있는 것으로 보이는 항성들이 전혀 움직이지 않는 것도 이러한 조화를 해치지 않는다.

흥미롭게도, 코페르니쿠스의 지동설 이론은 처음에는 그다지 큰 주목을 받지 못했으며, 큰 논란도 없었다. 유럽의 천문학자들은 [천구의 회전]을 앞다투어 구입하였다. [알마게스트]를 대치할 수 있는 더욱 정확한 '천문학 표'가 출판되었으니, 천문학자들에게는 그것을 구입하는 일이 꼭 필요했다.

그렇지만 과연 태양이 지구의 둘레를 공전하는지, 아니면 지구가 태양의 둘레를 공전하는지 여부는 그 당시 천문학자들이 크게 신경 쓰지 않았다. 로마 교황청에서도 코페르니쿠스의 지동설 이론에 대해서 거의 반발하지 않았다. 코페르니쿠스 본인이 책이 출판된 직후 사망하였기 때문일 수도 있었다.

큰 난제였던 역법의 불일치 문제는 그레고리 13세(Gregory XIII,

1502 ~ 1585, 재위 1572 ~ 1585)의 치하인 1582년에 개정됨으로서 해결되었다. 코페르니쿠스의 [천구의 회전]은 핵심 자료로서 역법의 개정에 요긴하게 사용되었다. 그레고리력(Gregory calendar)은 400년 기간에 윤년이 97번 들어가도록 설계되었다. 그 이전까지 사용하였던 율리우스력이 400년 기간에 윤년이 100번 들어가는 것에 비해서, 지구의 실제 공전 주기와 훨씬 더 정확하게 맞아떨어지도록 설계한 것이다.

율리우스력을 1600년 이상 사용해 오면서 쌓인 (약 12일의) 오차를 해소하기 위하여, 1582년 10월 4일의 다음 날이 10월 15일이 되도록 개정하였다. 바꿔 말하면, 1582년 10월 5일부터 14일까지의 10일은 증발해서 없어진 것이다. 이는 큰 혼란과 반발을 불러일으켰으며, 유럽의 여러 나라들은 이 새로운 역법의 도입을 반대하여서, 유럽의 나라들 사이에 날짜가 열흘 어긋나는 혼란이 수백년간 계속되었다.

이렇게 날짜를 없애버리지 않고, 단지 윤년의 횟수를 조정하는 것만으로 새로운 역법을 도입하였다면, 혼란과 반발은 훨씬 적었을 것이다. 로마 교황청이 이렇게 무리수를 두어야 했던 이유는, 가장 중요한 부활절의 날짜를 계절에 맞추기 위해서였다.

1500년대 후반기만 하더라도, 코페르니쿠스의 지동설은 큰 논란이 없었으며, 널리 받아들여지지도 않았다. 후대의 천문학자인 티코(Thyco Brahe, 1546 ~ 1601)는 5개의 행성들이 태양을 중심으로 하여 공전하고, 태양은 지구를 중심으로 하여 공전하는 태양계 체계를 제안하였다. 티코의 체계는 프톨레마이오스의 이론과 코페르니쿠스의 이론 사이의 절충안이라고 할 수 있는데, 천문학자들이 코페르니쿠스의 이론을 진지하고 심각하게 받아들이지 않았음을 보여 주는 증거이다.

지동설이 본격적으로 논란을 불러일으킨 것은 1600년대 전반기에 갈릴레오라는 혁명가가 등장한 이후이다. 갈릴레오 덕분에, [천구의 회전]은 1616년에 뒤늦게 금서로 지정되었으며, 태양 중심 이론 등 몇 가지를 개정하거나 삭제해 버린다는 전제하에, 1620년에 다시 유통이 허용되었다.

물론, 코페르니쿠스는 갈릴레오에게 서운한 마음은 전혀 없을 것이다. 갈릴레오는 망원경을 사용한 천체 관측을 통하여 코페르니쿠스의 지동설을 확고하게 증명해 주는 많은 증거들을 발견하였으며, 저서 [대화]에서 코페르니쿠스의 업적을 매우 높이 찬양하면서, 천동설을 무너뜨리는 마지막 결정타를 날려 주었다. 갈릴레오 이후, 모든 천문학자들은 코페르니쿠스의 지동설을 의문의 여지없이 받아들였다. 갈릴레오야말로 코페르니쿠스의 진정한 후계자인 것이다.

방정식 풀이법에 목숨을 건

타르탈리아와 카르다노

방정식 풀이법에 목숨을 건 타르탈리아와 카르다노

이차방정식의 풀이법은 유클리드의 [기하학 원론]에 이미 소개되어 나온다. 그렇지만 삼차방정식의 풀이법은 오랜 세월 수수께끼로 남아 있었다. 이탈리아의 수학자 카르다노(Gerolamo Cardano, 1501 ~ 1576)는 1545년에 [아르스 마그나]를 출판하여서, 삼차방정식의 풀이법을 온 세상에 알렸다. 그런데 이 책의 출판은 삼차방정식의 풀이법에 대하여 선점을 주장하는 니콜로 폰타나 타르탈리아(Niccolo Fontana Tartaglia, 1499 ~ 1557)의 격렬한 반발을 불러일으켰으며, 이 두 수학자들 사이의 논쟁은 수학의 역사에서 가장 치열한 싸움으로 기록되어 있다.

삼차방정식의 풀이법을 최초로 발견한 수학자는 이탈리아 볼로냐 대학의 교수였던 페로(Scipione del Ferro, 1465 ~ 1526)였다. 그는 1515년 무렵에

$$x^3 + bx = c$$

형태의 삼차방정식의 풀이법을 발견하였다. 페로가 어떻게 이 풀이법을 발견하였는지는 알려져 있지 않다. 그렇지만 페로의 제자 몇 명은 그 풀이법을 전수받아 알게 되었다.

페로가 1526년에 사망한 이후, 그의 제자이자 사위인 나베(Hannibal della Nave, ? ~ ?)가 볼로냐 대학에서 그의 교수직을 물

려받았으며, 그가 가지고 있던 노트들도 모두 나베가 물려받아 보관하였다. 그러니 나베는 페로의 후계자라 할 수 있다.

니콜로 폰타나는 이탈리아 브레스치아 태생이었다. 그가 어렸던 시절인 1512년에 프랑스 군대가 이탈리아 브레스치아를 침입하였다. 사람들은 교회로 피신하였는데, 프랑스 군대는 교회로 쳐들어와 사람들을 닥치는 대로 학살하였다. (종교가 지배하던 유럽 사회에서, 교회는 성역이었으며, 교회 안으로 군대가 들어와 학살을 자행하는 것은 상상조차 하기 힘든 일이었다.)

브레스치아 시민 수만 명이 살해당한 참극 속에서, 어린 니콜로 폰타나는 얼굴에 칼을 맞아 큰 상처를 입었다. 그는 기적적으로 죽지 않고 살아날 수 있었지만, 얼굴의 찢어진 상처는 영구히 치료될 수 없었으며, 평생 말을 더듬어야 했다. 그 이후 그는 니콜로 폰타나라는 원래 이름보다 '타르탈리아(말더듬이)'라는 이름으로 불리게 되었다.

타르탈리아는 약간의 푼돈을 모아서, 알파벳 및 기초적인 수학을 공부할 수 있었다. 워낙 가난한 형편이었기 때문에, 알파벳을 반쯤 배웠을 때 돈이 다 떨어져서, 나머지 절반은 스스로 깨우쳤다고 한다. 타르탈리아는 타고난 대천재였다. 그러니 수학도 (제도권인 대학에서 배운 게 아니라) 사실상 혼자서 깨우쳐 나갔다. 그 후 그는 베네치아에서 수학 교수 자리를 얻게 되었다.

그 당시 이탈리아의 수학자들 사이에는 수학 실력 대결이 유행하고 있었다. 대결 방식은 여러 가지 유형이 있지만, 대개 공증인을 중간에 넣어 대결의 공정성을 유지하면서, 양측에서 수십 개의 문제를 제출하여서, 일정한 기간 동안 그 문제들을 더 많이 풀어낸 사람이 승리를 거두는 방식이었다.

이러한 대결에서 승리한 수학자는 돈과 명예를 동시에 얻을 수 있었다. 내기를 통하여 돈을 버는 것도 있었지만, 소문이 나면 많은 학생들이 몰려들기 때문에, 안정된 수입이 보장되는 것이다. (물론, 패배한 사람은 명예가 땅에 떨어지고, 학생들도 썰물처럼 빠져나가게 마련이다.)

1530년에 다코이(Zuanne de Tonini da Coi, ? ~ ?)는 타르탈리아에게 방정식

$$x^3 + 3x^2 = 5$$
$$x^3 + 6x^2 + 8x = 1000$$

을 풀어보라고 도전하였다. 타르탈리아는 처음에는 이 문제들을 풀 수 없었지만, 오랜 세월 궁리를 한 끝에, 마침내

$$x^3 + ax^2 = c$$

형태의 방정식을 푸는 방법을 발견하였다.

그 이후 타르탈리아는 피오르(Antonio Maria Fior, ? ~ ?)와 대결을 하게 되었다. 피오르는 페로의 제자들 중의 한 명이었으며, 페로로부터

$$x^3 + bx = c$$

형태의 삼차방정식의 풀이법을 전수받아 알고 있었다. 피오르와 타르탈리아는 방정식의 모양을 바꾸는 방법과 푸는 방법을 놓고 여러 번 논쟁을 벌였다.

결국 피오르는 타르탈리아에게 정식으로 도전장을 던졌다. 두 사람은 공증인을 사이에 두고 상당한 액수의 돈을 걸었으며, 30개씩의 문제를 각각 내어서, 30일의 기간 동안 상대방이 낸 문제를 더 많이 푸는 사람이 승리하여 돈과 명예를 차지하게 되는 것이다.

타르탈리아는 피오르가 $x^3 + bx = c$ 형태의 삼차방정식의 풀이법을 전수받아 갖고 있음을 잘 알고 있었다. 그러니 피오르는 아마 이런 형태의 방정식들을 문제로 출제할 것으로 예상되었다. 타르탈리아는 이런 형태의 방정식의 풀이법을 구하려고 끙끙 앓았는데, 마침내 시합 전날 그 풀이법을 발견하게 되었다.

그 시합은 1535년에 있었다. 타르탈리아의 예상은 보기 좋게 적중하였다. 피오르가 제출한 모든 문제들은 $x^3 + bx = c$ 형태의 삼차방정식의 풀이와 관련이 있는 것들이었다. 타르탈리아는 불과 두 시간만에 그 문제들을 이런 형태의 삼차방정식들로 변환하였으며, 쉽게 풀 수 있었다.

반면에 피오르는 타르탈리아가 제출한 문제들을 전혀 해결할 수 없었다. 타르탈리아가 제출한 문제들은 대부분 $x^3 + ax^2 = c$ 형태의 삼차방정식으로 유도가 되었으며, 피오르는 이런 형태의 방정식을 풀 수 있는 해법을 알지 못하였다. 그러니 이 시합은 타르탈리아의 일방적인 승리로 끝났다. 이 시합의 결과는 곧 이탈리아 전역에 소문으로 퍼져나갔다.

그 소문은 밀라노에 있던 카르다노의 귀에도 들어갔다. 카르다노는 밀라노의 변호사의 사생아였으며, 파비아 대학과 파도바 대학에서 공부를 하였다. 1535년 당시에 카르다노는 밀라노에서 의사로서 활동하면서, 한편으로 수학, 물리학, 천문학, 점성술 등 여러 분야를 연구하고 있었다. 그는 도박에도 깊게 빠져 있었다.

카르다노는 베네치아를 방문하여 타르탈리아를 만났다. 카르다노는 타르탈리아에게 그 놀라운 풀이법을 알려 달라고 간청하였다. 타르탈리아는 그의 청을 단호하게 거절하였다. 삼차방정식의 풀이법은 수학자들간의 대결에서 승리를 보장하는 강력한 무기였다. 그런 무기를 아무런 대가 없이 남에게 (게다가 언제 자신의 적이 될 지도 모를 상대에게) 제공하는 것은 바보같은 짓이었다.

그렇지만 그 이후 타르탈리아의 마음이 약간 바뀐 것 같다. 그는 카르다노의 초청을 받아들여 밀라노를 방문하였다. 어쩌면 카르다노의 힘을 빌려 좋은 취직자리를 구하려 했던 것 같다. 어쨌든 타르탈리아는 카르다노의 집에서

$$x^3 + bx = c$$

형태의 삼차방정식의 풀이법을 알려 주었다. 그 자리에는 카르다노의 제자인 페라리(Lodovico Ferrari, 1522~1565)도 배석하였다. 이것은 1539년에 있었던 일이다.

타르탈리아는 이 일에 대하여 다음과 같이 주장하였다. 카르다노는 그 때 신성한 성경과 신사로서 그의 명예를 걸고 맹세하기를, 그 풀이법을 절대로 출판하지 않을 것이며, 그 비밀을 암호로 써 놓아서, 카르다노 본인이 사망한 이후에는 그 누구도 그 비법을 알

수 없도록 하겠다고 굳게 서약하였다. 카르다노가 비밀을 약속하였음은 의심할 여지가 없어 보인다.

카르다노는 그 후 제자인 페라리와 같이 삼차방정식의 풀이법을 연구하여서, 마침내 모든 종류의 삼차방정식의 풀이법들을 발견하였다. 게다가 페라리는 사차방정식의 풀이법을 발견하였다. 카르다노는 이 모든 풀이법들을 정리하여서, 1545년에 [아르스 마그나]를 출판하였다.

타르탈리아는 그 소식을 듣고 화가 머리끝까지 치솟아 길길이 날뛰었다. 타르탈리아는 1546년에 [Quesiti et inventioni diverse]라는 책을 출판하여서, 카르다노의 배신을 폭로하였으며, 그들 사이에 주고받은 편지와 대화 내용도 빠짐없이 적어 놓았다. 타르탈리아는 카르다노에게 끊임없이 도전장을 보냈다.

그렇지만 카르다노는 타르탈리아를 직접 상대하지 않았다. 카르다노는 뒷전으로 물러났으며, 제자 페라리가 앞장서서 타르탈리아를 상대하였다. 페라리는 1547년 2월 10일에 공식 도전장을 타르탈리아에게 보냈다. 어떠한 과학 분야라도 좋으니, 자기와 대결을 하자고 하였다.

> "나는 이것을 알리고자 한다. 타르탈리아 당신은 거짓말로 카르다노 선생님을 헐뜯고 비방하였다. 카르다노 선생님은 위대하신 분이며, 당신은 그 분과 비교조차 되지 않는다."

페라리의 도전장은 이탈리아의 수많은 학자들과 저명한 인사들에게도 보내졌다. 9일 후 타르탈리아는 그에 대한 답장을 보냈다. 두 사람은 그 이후 여러 번에 걸쳐서 도전장과 응답을 주고받았다. 카르다노는 [아르스 마그나]의 출판 덕분에 이미 유명인사가 되어 있었으며, 타르탈리아는 페라리가 아니라 카르다노 본인과 상대하겠다고 계속 주장하였다. 카르다노가 성경에다 대고 맹세한 것을 어겼으니 교회에 고발하겠다고 으름장을 놓기도 하였다.

타르탈리아는 카르다노 본인을 상대하지 않을 바에야 차라리 그 대결을 피하고 싶었다. 제자와 상대하는 일은 잘해야 본전치기인 듯한 느낌이 들었기 때문이다. 그렇지만 그 당시 타르탈리아는 그의 고향인 브레스치아에서 교수 자리를 얻으려고 흥정하고 있었으며, 브레스치아의 정치인들은 타르탈리아가 그 대결을 통하여 그의 능력을 증명해 보이기를 바라고 있었다. 결국 카르다노, 페라리의 본거지 밀라노에서 타르탈리아와 페라리가 대결하게 되었다.

1548년 8월 10일에 밀라노의 교회에서, 엄청나게 많은 관중이 모인 가운데 그 대결이 펼쳐졌다. 그것이 어떻게 진행되었는지 설명해 놓은 기록은 없다. 그렇지만 후일 타르탈리아가 언급해 놓은 것에 따르면, 저녁 시간이 가까워짐에 따라서, 그 모임은 갈라졌다고 한다. 관중들은 아마 그 논쟁을 제대로 이해하기 어려웠을 것이며, 지루했을 것이다.

여러 가지로 추론해 보건대, 그 대결은 페라리가 승자라고 선언되었던 것 같다. 타르탈리아는 브레스치아의 교수 자리를 얻지 못했다. 그는 고향 사람들이 자신을 부당하게 대우했다며 비통해했다. 페라리는 카르다노의 후원 덕분에 볼로냐에서 수학 교수가 되었다.

오늘날 우리들이 객관적으로 판단해 보건대, 타르탈리아와 카르다노는 과연 어떠한 입장이었을까? 타르탈리아는 소중한 보물을 사기당했다고 생각했음이 명백하다. 학생들을 끌고 올 수 있는 경제적 값어치도 컸으며, 다른 수학자들과의 대결에서 요긴하게 쓸 수 있는 강력한 무기였다. 그렇지만 그는 삼차방정식의 모든 형태들을 연구해 놓고 있지 않았다.

타르탈리아는 훗날 그것들을 연구하여 자신의 이름으로 출판하려고 마음먹고 있었다. 그 때문에 자신의 비법을 제자들이나 친구들에게도 알려 주지 않고 있었다. 물론, 유일한 예외가 있었던 게 탈이었다. 타르탈리아는 삼차방정식의 풀이법을 저술, 출판하는 것이 자신의 몫이라고 간주하고 있었는데, 엉뚱한 놈이 선수를 쳐서 모든 영광을 도둑맞아 버린 것이다.

반면에 카르다노는 달리 생각하였을 것이다. 카르다노와 페라리는 1543년에 볼로냐를 방문하였으며, 페로의 후계자인 나베를 만났다. 나베는 그들에게 페로의 풀이법을 보여 주었다. 삼차방정식에 대한 페로의 풀이법은 타르탈리아에 비해서 20년 앞선 것으로서, 페로의 풀이법이 원조임은 논란의 여지가 없다. 카르다노는 [아르스 마그나]에서 자신의 풀이법이 페로의 풀이법을 바탕으로 한다고 주장하였다.

타르탈리아가 한 가지 형태의 삼차방정식의 풀이법을 카르다노에게 알려 준 것은 틀림없는 사실이며, 카르다노가 비밀을 맹세한 것을 깨트린 것도 틀림없는 사실이다. 그렇지만 그 당시는 양수들만 취급하던 시절로서, 어떤 항이 좌변에 있는 것과 우변에 있는 것이 완전히 달랐다. 예를 들어,

$$x^3 + bx = c, \; x^3 = bx + c$$

는 완전히 다른 방정식들이며, 그 풀이법들도 완전히 달랐다. 그러니 모두 13가지 형태의 삼차방정식들이 있으며, 카르다노는 13가지의 풀이법들을 모두 발견해 낸 것이다. 그 중의 한 가지는 타르탈리아가 그에게 알려 준 것이지만, 나머지 12가지는 자신의 풀이법이라고 간주하였을 것이다. 게다가 그 한 가지도 페로의 '원조 비법'이 존재하지 않는가?

이들 세 명은 모두 그 말년이 불행으로 점철되었다. 타르탈리아는 비통과 회한에서 헤어날 길이 없었다. "내가 먼저 출판했어야 하는 건데."라는 후회가 평생 그를 괴롭혔다. 고향 브레스치아 사람들도 그를 저버리고 말았다. 타르탈리아는 카르다노와 페라리에게 저주를 퍼부으며 여생을 보냈다.

페라리는 카르다노의 후원을 등에 업고 교수직을 얻었으며, 젊은 나이에 큰 재산을 모아서 은퇴하였다. 그가 젊은 나이에 은퇴를 한 이유는, 과부가 된 누이를 보살펴 주기 위해서였다. 그렇지만 그 누이는 페라리의 재산이 탐이 나서, 비소를 사용하여 그를 독살하였다.

카르다노는 자식들이 속을 썩였다. 카르다노의 맏아들은 아내의 불륜을 눈치 채고 아내를 살해하였으며, 그 때문에 살인죄로 사형에 처해졌다. 카르다노의 둘째 아들은 도박에 빠져서 그에게서 계속 돈을 뜯어갔으며, 견디다 못한 카르다노는 아들과 절연을 선언하고 지원을 끊었다. 카르다노는 1570년에 이단 혐의로 종교 재판소에 의해 체포, 구금되었다. 석방된 이후 그는 1571년에 로마에 갔으며, 거기에서 사망하였다. 카르다노는 자신이 죽을 날을 미리 예언해 둔 바 있었다. 그 날짜가 되자, 그는 점성술가로서 자신의 명성을 지키기 위하여 자살하였다.

좌충우돌의 혁명가

갈릴레오

좌충우돌의 혁명가 갈릴레오

갈릴레오 갈릴레이(Galileo Galilei, 1564 ~ 1642)는 이탈리아의 위대한 수학자, 물리학자, 천문학자이다. 그는 타고난 대천재였으며, 합리적·과학적인 사고와 실험을 통해 고리타분하고 그릇된 철학을 타파하고, 근대 과학을 정립하는 데 크게 기여하였다. 그래서 갈릴레오를 근대 과학의 아버지 또는 실험 과학의 아버지라 부른다. 그의 일생은 아리스토텔레스 학파 철학사들과 가톨릭 교회 성직자들과의 불화 및 대결로 점철되어 있다.

갈릴레오는 1564년에 이탈리아 피렌체 공국의 피사에서 태어났다. 그의 아버지 빈센초(Vincenzo Galilei, 1520 ~ 1591)는 음악가였으며, 집안 형편은 매우 곤궁하였다. 16세기 중반 토스카나 지역에서는 맏아들의 이름을 그 가문의 성과 비슷하게 짓는 경우가 흔히 있었다. 아마 그 가문을 빛낼 위대한 인물이 되어달라는 의미였던 것 같다. 그래서 빈센초는 맏아들의 이름을 "갈릴레오"라 지은 것이다.

이탈리아의 남자 이름인 갈릴레오, 그리고 그로부터 파생되는 성 갈릴레이는 구약성경에 나오는 이스라엘 북부 지역의 지명 갈릴리(Galilee)를 뜻하는 라틴어 Galilaeus로부터 파생된 것이다. 그러니 "갈릴레오 갈릴레이"라는 이름은 "갈릴리 갈릴리"를 뜻한다고 볼 수 있다. 갈릴레오의 이 이름의 유래는 훗날 재미있는 농담의 소재로 활용되었다. 갈릴레오의 종교 재판의 와중에, 한 성직자는 갈릴레오를 겨냥하여 설교를 하면서, 사도행전 1장 11절을 인용하였다. "갈릴리 사람들아 어찌하여 서서 하늘을 쳐다보느냐"

어려운 집안 형편 때문에, 빈센초는 맏아들 갈릴레오를 의사로 만들기로 계획을 세웠다. 갈릴레오도 아버지의 뜻을 따라서, 피사 대학 의학부에 입학하였다. 그런데 매우 사소하고 우연한 사건 때문에, 갈릴레오의 운명이 바뀌게 되었다.

어느 날 교회에서, 갈릴레오는 문득 줄에 매달려 있는 등불이 진동하는 것을 살펴보았다. 그 등불은 일정한 주기에 따라서 진동하고 있었으며, 진폭이 점점 줄어들었지만, 그 진동 주기는 여전히 (크게 진동하던) 이전과 똑같았다. 갈릴레오는 자신의 맥박을 짚어 참고하여서, 그 등불의 진동 주기가 일정함을 확인하였다. 흥미를 느낀 갈릴레오는 집에 돌아오자 진자를 만들어서 확인해 보았다. 진자의 주기는 그 진폭에 상관없이 일정하였다. '진자의 등시성'을 확인한 것이다. 이 사건이 계기가 되어서, 갈릴레오는 수학과 물리학에 흥미를 느껴 수업을 듣기 시작하였으며, 곧 자신이 의사가 아니라 수학자, 물리학자가 될 운명임을 깨달았다.

갈릴레오는 아버지를 설득하기 시작하였다. 빈센초는 처음에는 강력하게 반대하였지만, 아들의 고집을 꺾을 수는 없었다. 이미 의학으로부터 마음이 떠난 놈을 억지로 의사를 만들 수는 없는 노릇이었다. 수학자로서 성공하여 교수가 된다면, 가족들을 먹여 살리는 데 지장은 없을 것이다. 빈센초의 두 딸들, 그러니까 갈릴레오의 두 여동생들을 결혼시키는 데 필요한 지참금을 갈릴레오가 부담해 줄 수 있다면, 그의 직업이 무엇이 되든 큰 상관은 없었다.

갈릴레오가 피사 대학에서 공부한 수학은 유클리드의 [기하학 원론] 및 고대 그리스의 위대한 수학자 아르키메데스의 업적들이었다. 갈릴레오 직전 세대의 수학자로서, 3차방정식의 풀이법을 발견한 것으로 유명한 니콜로 타르탈리아가 [기하학 원론]을 이탈리아어로 번역해 놓은 바 있으며, 이것은 갈릴레오에게 큰 도움이 되었다.

갈릴레오는 아르키메데스의 업적들을 바탕으로, 그것들을 좀더 연구, 발전시킬 수 있었다. 다행히 여러 유력 인사들이 갈릴레오의 재능을 알아차리고 후원해 주었으며, 그들의 추천을 받아서, 1589년에 피사 대학에서 수학 교수직을 얻게 되었다.

갈릴레오는 피사 대학에서 수학과 물리학을 강의하였으며, 물체들의 낙하 법칙을 연구하기 시작하였다. 그 당시는 아직 물리학과 철학이 뚜렷하게 구분되지 않던 시대였으며, 아리스토텔레스의 철학 및 역학 이론이 물리학을 지배하고 있었다. 그러나 아리스토텔레스의 역학은 실험과 관찰에 바탕을 두지 않고 있었기 때문에, 자연의 실제 현상과 어긋나는 것이 오히려 더 많았다. 그렇지만 당시의 보수적인 철학자들은 아리스토텔레스의 낡은 이론에 필사적으로 묶여 있었으며, 그것으로부터 추호라도 벗어나는 것을 용납하지 않았다.

갈릴레오는 실험과 관찰을 통하여 올바른 낙하 법칙을 연구해 나갔지만, 그것을 기존의 철학자들이 받아들이도록 만들 수는 없었다. 피사의 사탑에서 행한 낙하 실험은 그 상징적인 사건이었다. 갈릴레오는 많은 학생들을 모아 놓고, 무겁고 큰 쇠공과 아주 작은 쇠공을 떨어뜨려서, 그것들이 동시에 바닥에 떨어짐을 실증해 보였다. 그 결과는 아리스토텔레스의 가르침에 어긋나는 것이었다.

그 당시 피사 대학의 실력자는 부오나미치(Francesco Buonamici, 1535 ~ 1603) 교수였다. 그는 갈릴레오의 이 실험에 노발대발했다. 그것은 아리스토텔레스의 권위에 대한 명백한 도전이었다. 부오나미치는 1591년에 1,050쪽 분량의 [운동]이라는 책을 출판하였는데, 갈릴레오는 이 책에 대하여 "말장난"이라고 폄하하였다. 부오나미치를 비롯한 철학 교수들과의 마찰 때문에, 갈릴레오는 결국 피사 대학을 떠나야 했다. 다행히 갈릴레오의 후원자들은 파도바 대학에 교수 자리를 구해 주었다.

1592년 12월에 갈릴레오는 베네치아 공국의 파도바 대학에 자리를 잡았다. 그때 갈릴레오의 나이는 28세였으며, 이후 파도바에서의 18년은 갈릴레오가 연구 활동을 가장 활발하게 한 인생의 황금기였다. 파도바 대학은 그 당시 유럽의 일류 대학으로서, 유럽 전역에서 많은 학생들과 우수한 학자들이 모여들고 있었다.

갈릴레오는 파도바에서 여러 사람들과 교류를 하게 되었다. 베네치아의 귀족 사그레도(Giovanni Francesco Sagredo, 1571 ~ 1620)는 파도바 대학에 와서 공부를 하면서, 갈릴레오와 친밀하게 지내게 되었다. 사그레도는 후일 베네치아의 외교관으로서 활동했으며, 사망할 때까지 갈릴레오와 친밀한 관계를 유지했다. 갈릴레오는 파도바 대학의 철학 교수 크레모니니(Cesare Cremonini, 1550 ~ 1631)와도 친하게 지냈다. 크레모니니는 아리스토텔레스의 철학에 목숨을 건 사람이었다. 크레모니니는 가톨릭 교회의 가르침보다 아리스토텔레스를 더 우선시했기 때문에, 가끔 교회와 충돌이 일어나기도 하였다. 갈릴레오는 아리스토텔레스의 철학 및 역학 이론을 둘러싸고 크레모니니와 격렬하게 논쟁을 벌이기도 했지만, 두 사람 사이가 틀어지지는 않았다.

파도바는 베네치아의 지배를 받고 있었으며, 갈릴레오는 베네치아를 자주 방문하게 되었다. 베네치아는 아드리아 해의 끝부분에 위치하고 있는 도시로서, 밀물·썰물의 규모가 매우 컸다. 갈릴레오의 교향인 토스카나 대공국의 해안 도시들에서 구경하던 밀물·썰물과는 차원이 달랐다. 갈릴레오는 베네치아 아기씨 마리나 감바(Marina Gamba, 1570 ~ 1612)와 같이 곤돌라를 타면서, 베네치아의 운하에 바닷물이 밀려들고 빠져나가는 엄청난 규모에 크게 감탄했다. 밀물·썰물의 원인은 갈릴레오의 일생동안 계속 수수께끼로 남아 있었으며, 훗날 그의 인생에 운명처럼 지대한 영향을 끼치게 된다.

갈릴레오는 파도바 대학에서 주로 수학과 천문학을 강의하였다. 그는 한편으로 역학을 연구해서, 아르키메데스의 지렛대의 원리를 응용, 기중기 등 여러 실용적인 기계에 관한 이론을 발표하고, 짤막한 책을 출판하기도 했다. 토목, 측량 등의 실용적인 분야를 연구, 강의하기도 하였으며, 여러 가지 계산에 활용할 수 있는 특수한 컴퍼스를 개발, 제작해 판매하기도 했다. 마리나 감바와 살림을 차려 생활도 안성을 얻게 되었다. 그렇지만 아리스토텔레스 학파 철학자들과의 크고 작은 대립과 마찰은 여전히 계속되었다.

1602년 여름 무렵부터, 갈릴레오는 물체의 낙하 법칙을 본격적으로 연구하기 시작했다. 그는 피사 대학에서 물체의 낙하를 연구한 적이 있지만, 그 후 10여 년 동안 이 분야의 연구를 미뤄 두고 있었다. 고대의 철학자인 아리스토텔레스의 낙하 이론이 틀린 것은 명백했지만, 그것을 대치할 올바른 낙하 법칙을 정립하는 것은 쉬운 일이 아니었다.

낙하 법칙을 연구하기에는 기술적 제약이 많이 따랐다. 무엇보다도, 짧은 시간을 정확하게 측정할 수 있는 시계가 없었다. (시계 자체가 없던 시대였다.) 그리고 거리를 측정하는 단위도 명확하게 통일되어 있지 않았으며, 물체의 낙하 운동 자체가 매우 짧은 시간에 일어나는 현상이니, 정확하게 측정하기가 매우 어려웠다.

갈릴레오는 여러 가지 아이디어를 개발해서, 이러한 기술적 제약들을 차츰 극복해 나갔다. 갈릴레오는 어떤 특정한 시간 단위와 길이 단위를 사용해서 물체의 낙하 가속도를 구하고 싶었던 것은 아니다. 그는 일반적인 (즉 어떠한 시간 단위, 어떠한 거리 단위를 사용하든 상관없는) 법칙을 구하기를 원했던 것이다. 바꿔 말하면, 낙하 운동을 하는 물체의 시간과 거리, 속력 사이에 어떤 비례 관계를 구하고 싶었던 것이다.

갈릴레오가 생각해 낸 아이디어는, 일정한 양의 물이 떨어지는 물시계를 이용, 그 떨어진 물의 양으로써 시간을 측정하는 것이었다. 한편으로 물체의 낙하 속력을 늦추기 위해서, 경사면을 따라 공이 굴러 떨어지는 것을 사용해서 측정을 했다. 그리고 진자의 진동 운동과 물체의 수직 낙하 운동을 비교한 것을 참조했다.

갈릴레오는 여러 가지 이론을 세운 다음, 그 이론이 실제 관측과 맞아떨어지는지 비교해 검증하는 작업을 했다. 천문학 이외의 과학에서, 이런 시도를 한 것은 갈릴레오가 처음이었다. 그 때문에 갈릴레오를 가리켜 실험 과학의 아버지라 부르는 것이다.

그리고 갈릴레오는 '사고 실험'을 적절하게 활용했다. 사고 실험이란, 실제로 어떤 실험을 행하는 게 아니라, 머릿속의 생각만으로 (어떤 이상적인 상태를 가정해서) 어떤 실험 결과를 예상하는 것이다. 후대 과학자인 뉴턴도 사고 실험을 즐겨 사용했으며, 현대에 이르러 아인슈타인(Albert Einstein, 1879 ~ 1955)도 여러 가지 사고 실험들을 (상대성 이론 및 불확정성의 원리와 관련해) 제시한 바 있다.

1608년에 이르러서, 마침내 갈릴레오는 물체의 낙하 법칙을 정립할 수 있었다. 정지 상태에서 시작해 자유 낙하하는 물체는 그 낙하 거리가 그 시간의 제곱에 비례하며, 그 속력은 그 시간에 비례한다. 수직 낙하하는 물체의 운동 법칙을 명확하게 정립한 이후, 갈릴레오는 수평 운동과 결합한 것을 연구했다. 이 연구의 경우, 사고 실험을 활용한 이론상의 계산이 큰 역할을 했다. 일정한 수평 속력과 (중력으로 인해) 일정하게 가속되는 수직 운동을 결합하면, 물체는 원뿔곡선의 일종인 포물선을 따라서 움직이게 된다.

투사체의 운동은 수평 성분과 수직 성분으로 분해할 수 있으며, 따라서 모든 투사체는 포물선 궤적을 그리며 움직이게 된다. 이제 갈릴레오는 대포로 발사하는 포탄의 궤적 및 사거리에 대해 완벽한 물리학적 이론을 제공할 수 있게 되었다. 일정한 속력으로 발사된 투사체는 그 각도가 45도인 경우 (수평으로) 가장 멀리 날아가게 된다. 즉 대포의 사거리가 가장 멀게 하려면 45도 각도로 발사해야 한다. 이 사실은 갈릴레오 이전 세대에 이미 (전장에서의 실제 경험을 통해서) 알려져 있었지만, 물리학적으로 그 이유를 완벽하게 설명한 것은 갈릴레오가 처음이었다.

갈릴레오가 오랜 타향살이에 지쳐서 고향을 사무치게 그리워하던 무렵인 1609년에, 그의 일생을 뒤바꾼 획기적인 사건이 발생했다. 그것은 바로 망원경의 개량과 망원경을 사용한 천체 관측이었다. 유럽에서 망원경은 1600년대 초에 네덜란드의 안경 제작자들이 최초로 발명했다.

네덜란드의 안경 제조는 1500년대에 생겨난 산업인데, 처음에는 원시 치료를 위한 볼록 렌즈 안경이 제작되어서, 주로 노인네들이 사용하였다. 그 이후에 근시를 치료하기 위한 오목 렌즈 안경이 발명되어 제작되었다. 그런데 어떤 안경 제작자들이 볼록 렌즈와 오목 렌즈를 가지고 이리저리 맞추어 보다가, 우연히 망원경을 발명하게 된 것이다. 몇 년 후에는 유럽의 몇몇 대도시에서 잡상인들이 3~4배 확대 성능의 망원경을 판매할 정도로 보급이 되었다.

그 무렵 네덜란드의 상인들이 베네치아를 방문하여 망원경을 보여 주면서, 그 비밀을 팔겠다며 큰 돈을 요구하였다. 망원경은 단순히 장난감으로 치부하고 무시해 버릴 수 있는 물건이 아니었다. 베네치아는 지중해의 무역을 장악하고 있던 해양 강국이었으며, 망원경이라는 신제품이 세상에 등장한 이상, 그것은 아무리 큰 돈을 지불하더라도 반드시 확보해야 하는 신무기였다.

베네치아의 정치인들도 이 사실을 곧 깨달았다. 그러니 네덜란드 상인들과 베네치아 정부 사이의 흥정은 네덜란드 상인들이 갑의 위치인 유리한 입장이었다. 그 때 갈릴레오의 친구 한 명이 망원경을 구해서 갈릴레오에게 전해 주면서, 그 비밀을 밝히고 더욱 뛰어난 성능의 망원경을 제작해 보라고 권유하였다.

갈릴레오는 즉시 망원경을 연구, 제작하기 시작하였다. 베네치아는 유리 공예품으로 명성을 떨치고 있었으니, 렌즈 제작에 필요한 투명하고 맑은 고품질의 유리를 구하는 것은 쉬운 일이었다. 그리고 갈릴레오는 낙하 실험을 위하여 여러 가지 크기의 다양한 쇠공들을 가지고 있었으며, 자신이 발명한 특수 컴퍼스를 제작하기 위하여 개인적으로 기술자 한 명을 고용하고 있었다. 망원경 제작에 필요한 여러 가지 조건들을 잘 갖추고 있었던 것이다.

갈릴레오는 자신의 기술자와 같이 유리를 쇠공에 대고 갈아서 렌즈를 만들기 시작하였다. 갈릴레오는 곧 10배 확대 성능의 망원경을 제작하는 데 성공하였다. 갈릴레오는 친구를 통하여 그 사실을 베네치아 정부에 알려 주었으며, 이제 베네치아 정부는 네덜란드 상인들의 갑질에 휘둘릴 이유가 없어졌다.

갈릴레오는 서둘러서 망원경을 여러 개 제작하였다. 베네치아 정부에도 전달하였으며, 자신의 고향인 토스카나 대공국에도 선물로 전달하였다. 한편으로 망원경을 사용해 천체 관측을 시작하였는데, 그것은 갈릴레오가 역사상 처음이었다. 그 후 30배 확대 성능의 망원경을 제작하는 네 성공하였다.

30배 성능의 망원경으로 밤하늘을 살펴보자, 믿을 수 없는 놀라운 광경들이 갈릴레오의 눈앞에 펼쳐지기 시작했다. 달은 높은 산과 깊은 골짜기가 있어서, 그 험준한 지형은 마치 지구와 비슷했다. 금성은 마치 달처럼 그 모습이 변화했다. 어떠한 별자리를 살펴보더라도, 기존에 알려진 것들에 비해서 수십 배 더 많은 별들을 발견할 수 있었다.

그러나 가장 놀라운 발견은, 목성에 딸린 4개의 위성들이었다. 그것들은 목성을 중심으로 회전하면서, 목성을 따라 움직이고 있었다. 지구가 우주의 회전의 중심이 아님이 증명된 것이다. 갈릴레오는 이 놀라운 발견들을 정리해서, 1610년에 [별들의 소식]이라는 책을 베네치아에서 출판했다.

유럽의 지식계는 발칵 뒤집어지고 말았다. 이 책에 나오는 모든 발견들이 아리스토텔레스의 가르침과 어긋나기 때문이다. 대부분의 철학자들은 갈릴레오의 발견들을 전적으로 부인했으며, 망원경으로 보이는 모든 것들이 허상이라고 주장했다. 그러나 갈릴레오의 책은 불티나게 팔려나갔으며, 천문학자들은 앞다투어 망원경을 제작하기에 바빴다. 성능 좋은 망원경들이 점차 널리 보급되자, 갈릴레오의 발견은 부인할 수 없는 사실이 되었다. 갈릴레오는 유럽 전역에 명성을 떨친 유명인사가 되었다.

망원경 덕분에 갈릴레오는 개인적으로도 큰 이득을 얻게 되었다. 토스카나 대공의 수학자로 임명되어서, 간절하게 바라던 자신의 고향 토스카나 대공국으로 금의환향하게 된 것이다. 대공은 그에게 고액의 연봉을 제시하였으며, 강의를 할 필요도 없었다. 갈릴레오는 두 여동생들의 지참금을 부담하느라 20여 년 동안 허리띠를 졸라매야 했는데, 이제 비로소 경제적 안정을 얻게 된 것이다.

강의 부담도 없으니, 저술과 연구 및 토론에 전념할 수 있게 되었다.

대공 코시모 2세(Cosimo Ⅱ de Medici, 1590~1621, 재위 1609~1621)와 모후 크리스티나(Christine de Lorraine, 1565~1637) 여사는 갈릴레오의 열렬한 후원자였다. 이들의 보호 덕분에 갈릴레오는 철학자들과의 싸움에 좀더 자신 있게 임할 수 있었다.

갈릴레오가 토스카나 대공국으로 귀향한 직후인 1610년대 초, 갈릴레오는 독일의 성직자인 샤이너(Christoph Scheiner, 1573~1650)와 태양의 흑점에 대해서 편지를 주고받게 되었다.

망원경이 보급되고 나서, 몇몇 천문학자들은 망원경을 사용해 해를 관측하기 시작했다. 처음에는 망원경으로 직접 해를 들여다 보았는데, 사실 이 방법은 매우 위험했다. 망원경은 햇빛을 수백 배로 모으기 때문에 실명할 가능성이 있다. 그 후 망원경 아래에 흰 종이를 놓고, 해의 상을 맺은 다음, 그 상을 종이에 그리는 방법이 개발되어, 훨씬 더 정확하면서 안전한 방법으로 관찰할 수 있게 되었다.

해를 관측하게 되자, 해의 표면에서 얼룩덜룩한 검은 점들이 발견되었다. 그 점들은 일정한 방향으로 규칙적으로 움직이면서, 한편으로는 불규칙하게 온갖 형태로 변화하고 있었다. 샤이너는 해의 흑점들이 그 본성이 무엇인지 갈릴레오에게 문의하였다. 갈릴레오는 해의 흑점들이 지구의 구름과 사실상 본성이 같다고, 즉 해의 표면에서 일어나는 어떤 변화라고 답했다.

그렇지만 샤이너는 이 정답을 도저히 받아들일 수 없었다. 해는 천체들 중에서도 가장 고귀한 존재인데, 그 표면에 어떤 얼룩이 생긴다는 것은 절대 있을 수 없는 일이었다. 샤이너는 해의 매우 가까이에서 작은 천체들이 회전하는 것이라고 흑점들을 설명했다. 갈릴레오는 세 차례에 걸쳐 편지를 보내면서 샤이너를 설득했지만, 샤이너는 옹고집이었다.

갈릴레오는 그 편지들을 묶어서 책으로 출판했다. 사실, 갈릴레오는 샤이너에 대해 어떤 나쁜 감정도 없었다. 다만 명백한 진리를 외면하는 그가 안타까울 따름이었다. 그렇지만 샤이너는 이 사건 때문에 갈릴레오에게 원한을 품게 되었다. 샤이너의 입장에서는 갈릴레오가 일생일대의 원수였다. 샤이너는 평생 동안 갈릴레오에게 복수할 기회만을 노리고 있었다.

갈릴레오가 1610년에 토스카나 대공국으로 귀향한 이후, 그의 지동설 이론은 서서히 성직자들, 철학자들과의 논쟁을 불러일으키기 시작했다. 코페르니쿠스가 1543년에 [천구의 회전]을 출판하여 지동설 이론을 주장하였지만, 1500년대 후반기만 하더라도 지동설 이론이 큰 논란을 불러일으키지는 않았다. 이제 갈릴레오가 본격적으로 활동하면서, 지동설은 기존의 챔피언인 천동설과의 한 판 정면승부를 위하여 충돌의 궤도로 달려가게 되었다.

그 당시 성직자들은 아리스토텔레스 및 프톨레마이오스가 주창한 지구 중심의 천동설 이론, 즉 지구가 우주의 중심에 위치하고 있고, 천상의 모든 물체들은 지구를 중심으로 하여 회전한다는 이론을 믿고 있었다. 천문학자들은 티코의 체계(지구 중심 천동설 체계와 태양 중심 지동설 체계를 반반 섞은 절충 이론)에 의존하거나 또는 서서히 지동설을 받아들이는 분위기였다.

그렇지만 아리스토텔레스 학파 철학자들과 로마 가톨릭 교회 성직자들의 지동설에 대한 반대는 결사적이었다. 지구의 공전(연주 운동)에 대해 반대하는 것은 물론이고, 지구의 자전(일주 운동)에 대해서도 반대하고 있었다. 오늘날의 상식과 지식으로 판단해 보면, 지구의 자전을 인정하지 않는다면, 지구를 제외한 우주 전체가 일사분란하게 24시간에 한 바퀴씩 엄청난 속력으로 회전해야 하는데, 이는 도저히 성립할 수 없는 엉터리 이론이다.

"지구라는 조그마한 물체를 살살 돌리면 되는데" 이렇게 쉬운 일을 마다하고 나머지 전체 우주가 엄청난 속력으로 일메지게 회전해야 하는 것은, 마치 "도시의 경치를 구경하려고 높은 탑 위에 올라간 다음, 고개를 돌리기가 귀찮으니 도시 전체를 회전시켜 달라고 요구하는 것만큼이나 어처구니없는 일"이었다. 그러나 그 당시는 상식과 합리적인 사고가 지배하는 시대가 아니었다.

갈릴레오의 태양 중심 지동설 이론에 대한 반대는 종교적 반대와 과학적 반대로 나눌 수 있다. 과학적 반대는 천문학자들이 제시한 것으로서, 지구가 공전을 한다면 관측되어야 할 연주시차를 관측할 수 없다는 것이 주된 반대 근거였다.

종교적 반대는 주로 성경의 다음 문구들을 바탕으로 하였다.

여호수아 10장 12절, 13절, "태양아 너는 기브온 위에 머무르라 달아 너도 아얄론 골짜기에서 그리 할지어다 하매 태양이 머물고 달이 멈추기를 백성이 그 대적에게 원수를 갚기까지 하였느니라 야살의 책에 태양이 중천에 머물러서 거의 종일토록 속히 내려가지 아니하였다고 기록되지 아니하였느냐"
시편 93편 1절, "세계도 견고히 서서 흔들리지 아니하는도다"
시편 96편 10절, "세계가 굳게 서고 흔들리지 않으리라"
시편 104편 5절, "땅에 기초를 놓으사 영원히 흔들리지 아니하게 하셨나이다"
역대상 16장 30절, "세계가 굳게 서고 흔들리지 아니하는도다"
전도서 1장 5절, "해는 뜨고 해는 지되 그 떴던 곳으로 빨리 돌아가고"

1613년 12월에 크리스티나 태후는 갈릴레오의 절친이자 추종자인 카스텔리(Benedetto Castelli, 1578 ~ 1643)와 대면하여서, 지구의 운동에 반대하는 듯한 성경의 문구들을 논의하였다. 이것이 계기가 되어서, 갈릴레오는 카스텔리를 통해 크리스티나 태후에게 편지를 써서, 태양 중심 이론이 성경의 내용에 어긋나지 않으며, 성경은 믿음과 도덕에 관한 책일 뿐, 과학에 관한 책은 아니라고 주장하였다. 이 편지는 출판되지 않았지만, 널리 펴져 많이 사람들이 읽게 되었다.

로리니(Niccolo Lorini, 1544 ~ ?) 신부는 1615년에 태양 중심에 대한 갈릴레오의 저술들을 로마 종교 재판소에 제출하고 고발하였다. 갈릴레오와 그의 추종자들이 성경을 다시 해석하려고 하며, 이것은 '트렌트 공의회'에 어긋나며, 매우 위험스럽게도 신교도와 비슷해 보인다고 주장하였다. 로리니 신부는 구체적으로 갈릴레오가 카스텔리를 통해 크리스티나 태후에게 보낸 편지를 문제 삼았다.

갈릴레오는 코페르니쿠스의 지동설 이론 및 성경에 관련된 자신의 개념들을 변호하려고 1515년에 로마로 출두하였다. 벨라르미노(Roberto Bellarmino, 1542 ~ 1621) 추기경은 지동설 이론이 유효하려면 태양이 지구 둘레를 공전하는 것이 아니라 지구가 태양의 둘레를 공전함을 직접적으로 보여 주는 증거를 제시해야 한다고 주장하였다. 갈릴레오는 지구의 공전·자전 운동의 결합 때문에 바다에 밀물·썰물이 생긴다는 이론을 제시하고, 그것이 지구의 운동의 직접 증거라고 주장하였다.

갈릴레오의 견해에 따르면, 바닷물에 밀물·썰물이 생기는 원인은, 지구가 태양의 둘레를 회전(공전)하면서, 한편으로는 자신의 축에 대하여 회전(자전)하기 때문에, 지구의 속력이 빨라졌다가, 느려졌다가 하여서, 물이 이리저리로 쏠려서 생기는 현상이다.

밀물·썰물에 대한 갈릴레오의 이론은 그의 일생을 통틀어 가장 크게 실수한 엉터리 이론이었다. 그가 어떻게 이 이론을 얻게 되었는지 정확한 내막은 알 수 없다. 베네치아에서 엄청난 규모의 밀물·썰물에 감탄하면서, 그 원인을 밝히려고 지나치게 몰두한 것이 원인일 수도 있다. 그러다가 지동설에 대한 여러 가지 증거들을 확보하고 나서, 천동설 이론을 고수하려는 기존의 철학자들, 성직자들과의 충돌이 격화되면서, 엉뚱하게 이 이론을 개발하게 된 것 같다.

동시대 과학자인 케플러는 달의 인력에 의해서 밀물이 생긴다고 주장하였다. 어부 및 선원들처럼 항상 바다에 사는 사람들은 달이 중천에 뜰 때 밀물이 됨을 잘 알고 있었다. 그렇지만 그 시대 철학자들이 달에 의해서 밀물이 생긴다는 이론을 배격한 데에는 두 가지 이유가 있었다.

첫째, 달에 의해서 밀물이 생긴다면, 달이 중천에 떴을 때에만 밀물이 될 것이다. 그런데 실제로는 달이 정반대의 위치에 있을 때에도 밀물이 생긴다. 왜 그런가? 케플러도 이 이유를 설명할 수 없었다.

둘째, 그 당시 유럽의 철학자들은 직접적인 접촉이 없는 상태로서 어떤 힘이 가해진다는 이론을 터부시하고 있었다. 이러한 힘은 어떤 마법 또는 주술적인 힘으로 간주되었으며, 이는 기독교 신앙에 어긋나는 것 같았다. 그 때문에 뉴턴이 [프린키피아]를 출판하였을 때에도, 유럽 대륙의 상당수의 철학자들은 '인력'의 개념에 강한 거부감을 드러냈다.

갈릴레오의 변호는 결국 실패로 끝났다. 1616년에 로마 교황청의 종교 재판소에서는 "태양이 고정되어 있다는 것은 철학적으로 어리석고 터무니없으며, 신학적으로 이단이다. 왜냐 하면 성경의 여러 구절들과 명백하게 어긋나기 때문이다."라고 보고했다. 그리고 벨라르미노 추기경을 통해 갈릴레오에게 판결문을 전달했다.

> "태양이 우주의 중심에 정지해 있고 지구가 그 둘레를 움직인다는 이론에 대해, 이 이론과 견해를 가르치거나 변호하거나 논의하는 것을 완전히 금지하며, 차후 이에 관해 그 어떠한 방법으로든, 말을 통해서든 글을 통해서든, 지지하거나 가르치거나 변호하는 것을 완전히 금지한다."

갈릴레오는 당분간 자제할 수밖에 없었다. 천문 관측을 통해서 코페르니쿠스의 지동설을 지지해 주는 온갖 증거들을 차곡차곡 쌓아 나가고 있었지만, 당분간 출판 또는 성직자들이나 철학자들과의 논쟁을 피할 수밖에 없었다.

그 후 1620년대가 되면서, 갈릴레오는 로마의 분위기가 호의적으로 바뀌었다고 판단했다. 갈릴레오는 [시금저울]이라는 책을 출판하려고 준비하고 있었다. 이 책은 천체들의 움직임, 고체와 유체의 회전, 강물의 흐름, 응집력 등을 다루고 있었다. 한편으로 기존의 천문학자, 철학자들에 대한 통렬한 풍자와 해학이 들어 있어서, 재미있게 읽을 수 있는 책이었다. 갈릴레오는 이 책에서 "자연은 수학이라는 언어로 쓰여 있다."라는 유명한 명언을 남겼다.

이 책이 출판되어 나올 무렵, 갈릴레오와 친교를 맺고 있던 바르베리니(Maffeo Barberini, 1568 ~ 1644) 추기경이 교황 우르바누스 8세(Urbanus Ⅷ)로서 취임했다. 갈릴레오는 이 책을 교황 우르바누스 8세에게 헌정했으며, 교황은 갈릴레오의 탁월한 글솜씨에 감탄했다. 1624년에 갈릴레오는 로마에 가서 교황 우르바누스 8세를 알현하고, 코페르니쿠스 이론에 대한 금지를 해제해 달라고 간곡하게 부탁했다.

교황 우르바누스 8세는 1616년 당시에 자신이 금지 조치에 반대하기는 했지만, 이제 와서 바꿀 수는 없다고 답했다. 그렇기는 하지만, 코페르니쿠스의 지동설 이론을 프톨레마이오스의 천동설 이론과 비교하는 방식으로 책을 써도 좋다고, 교황은 갈릴레오에게 친히 허락을 했다.

그러나 지구의 움직임이 사실인 것처럼 보여서는 절대 안 된다. 우르바누스 8세는 밀물·썰물에 대한 갈릴레오의 이론을 알고 있었다. 교황은 갈릴레오의 그 이론에 대해서 강한 거부감을 표출하면서, 전지전능하신 신은 어떠한 방법으로든 밀물·썰물을 낳을 수 있음을 분명하게 밝히라고 요구하였다. "누구든 자신의 이상한 상상을 갖고 신의 전지전능하심을 제한하려 하는 것은 참람한 짓이다."

갈릴레오는 피렌체로 돌아온 뒤, 일생일대의 위대한 걸작을 쓰기로 즉시 계획을 세웠다. 책의 제목은 [프톨레마이오스의 천동설과 코페르니쿠스의 지동설, 두 체계에 관한 대화]였다. 이 책은 세 명의 등장 인물인 살비아티(Filippo Salviati, 1582 ~ 1614), 사그레도, 심플리치오가 나흘에 걸쳐 대화를 나누는 형식으로 구성하였다. (일반적인 과학 전문 서적과는 완전히 다른 구성 방식이었다.) 살비아티, 사그레도는 갈릴레오의 절친한 친구들이었으며, 갈릴레오의 연구 및 관측에 크게 도움을 준 바 있었다. 심플리치오는 가공의 인물인데, 아리스토텔레스 연구가인 심플리치우스의 이름을 빌린 것이다.

살비아티는 코페르니쿠스의 지동설을 변호하고 있고, 심플리치오는 프톨레마이오스의 천동설 및 아리스토텔레스의 철학을 대변하고 있다. 사그레도는 심판 역할을 맡았으며, 건전한 상식을 가진 지식인을 대변하고 있다. 살비아티는 절친한 동료 학자를 여러 번 언급하는데, 갈릴레오 갈릴레이 본인을 가리킨다.

갈릴레오는 이 책을 이탈리아어로 저술하였다. 그 당시 유럽의 모든 과학 서적들은 라틴어로 저술, 출판되고 있었다. 그러니 이탈리아어로 저술한 갈릴레오의 결정은 매우 이례적이었다. 조선 시대에 학자가 전문 서적을 한글로 저술, 출판한 셈이라고 할 수 있다. 세 명의 대화 형식으로 구성한 것도 과학 서적에서 전례가 없는 파격적인 시도였다. 갈릴레오가 이 책을 저술하면서 염두에 둔 독자들이, 철학자들과 과학자들은 물론이고, 건전한 상식을 가진 일반인들을 대상으로 하고 있음을 알 수 있다.

첫째 날의 대화는 우주의 일반적인 구조와 그것을 이해하는 데 필요한 실험적, 논리적 과정에 대한 것이다. 지구와 천체들의 비슷한 점과 다른 점을 다루었으며, 망원경을 써서 관측한 달의 생김새를 소개하고 있다. 살비아티는 여러 가지 발견을 "린체이 학회의 회원이자 우리의 절친한 동료 학자"의 공으로 돌리고 있다. 갈릴레오는 책 전체에서 살비아티로 하여금 아리스토텔레스의 여러 가지 주장들을 공격하며 비웃도록 했다. 사실, 프톨레마이오스보다 아리스토텔레스가 훨씬 더 자주 비판의 대상이 되었다.

둘째 날의 대화는 지구의 자전에 관한 것으로, [대화]에서 가장 핵심이 되는 부분이다. 당시 철학자들이 지구가 움직이지 않음을 증명하는 증거로서 제시한 것들을 소개한 다음, 살비아티가 그 증거들을 조목조목 반박하고 있다.

갈릴레오가 둘째 날의 대화에서 지구가 자전함을 증명한 것은 아니다. 갈릴레오의 주장은 "지구가 자전을 하든, 또는 안 하든, 지구상의 모든 사물들을 관측한 결과는 완전히 똑같다. 그러므로 지구가 자전하지 않는다는 모든 증거들이 무효이다.”라는 것이다. 사실, 지구가 자전함에 대한 직접적인 증거를 과학자들이 제시하는 데 성공한 것은, 푸코(Jean Bernard Leon Foucault, 1819~1868)가 1851년에 프랑스 파리 팡테온에 이른바 ‘푸코의 진자’를 제작, 설치한 것이 처음이었다.

셋째 날의 대화는 지구의 공전에 관한 것이다. 살비아티는 천문학 현상들을 설명하면서, 코페르니쿠스의 태양계 체계가 최소한 프톨레마이오스의 체계만큼 그럴 법하다는 것을 보이고 있다. 사실, 코페르니쿠스의 체계가 더 간단하고 이해하기 쉬움을 보이고 있다. 태양의 흑점들이 태양의 표면에서 움직이는 궤적을 이용해서, 태양의 자전축이 지구의 공전 궤도면(황도면)으로부터 기울어져 있음을 보여 주며, 지구의 공전을 이용해 외행성의 역행 현상을 설명하고 있다. 이 둘은 지구의 공전을 증명하는 유력한 증거였다.

넷째 날의 대화는 밀물과 썰물을 다루고 있다. 밀물과 썰물에 대한 갈릴레오의 이론은 틀린 것이기는 하지만, 그가 [대화]를 저술한 중요한 동기는 바로 이 이론의 소개였다.

갈릴레오가 쓴 원고는 로마 교황청의 검열을 거쳐 출판을 허락받았다. 1632년 2월에 1,000권의 [대화]가 피렌체에서 인쇄되어 나왔다. 갈릴레오의 친구들은 [대화]를 읽고 온갖 찬탄을 표출하였지만, 그의 적들은 경악을 금치 못 했다. 갈릴레오는 과학적 발견과 좌충우돌의 논쟁을 통해 수많은 적들을 만들어 놓은 상태였다. 아리스토텔레스 학파 철학자들은 물론이고, 예수회(제수이트) 교단의 학자들도 갈릴레오에게 등을 돌린 지 오래였다. 특히 샤이너는 갈릴레오를 불구대천의 원수로 여기고 있었다. 그러나 그 누구보다도, 교황 우르바누스 8세가 [대화]의 내용에 노발대발했다.

원래 갈릴레오는 지동설을 수학 가설로서 다룬다는 조건으로 이 책의 출판을 허락받았다. 그러나 갈릴레오가 지동설을 실제 사실이라고 주장함이 너무나 명백했다. 교황은 밀물·썰물이 지구의 공전·자전으로 인해 생겨난다는 이론에 특히 격노했다. 게다가 교황 스스로 강조하였던 "누구든 자신의 이상한 상상을 갖고 신의 전지전능하심을 제한하려 하는 것은 잠람한 짓이다."라는 말이 머리 나쁜 심플리치오의 입을 통해서 튀어나왔다. 심플리치오가 바로 교황 우르바누스 8세를 상징한다고 의심하기에 충분한 대목이었다. 교황은 갈릴레오를 로마로 압송해 종교 재판에 회부하도록 명령했다.

종교 재판소는 갈릴레오에게 유죄 선고를 내렸으며, 갈릴레오는 자신의 죄를 시인하고 참회를 해야 했다. 갈릴레오는 1633년 6월 22일 수요일, 로마에 있는 산타 마리아 소프라 미네르바 교회에서 다음의 참회 성사를 읽었다.

"저 갈릴레오 갈릴레이는 피렌체의 고 빈센초 갈릴레이의 아들이며, 나이 일흔이며, 여기 재판정에서 이단 행위에 대한 재판을 맡으신 대주교 앞에서 무릎을 꿇고, 제 눈앞에 성경을 놓고 거기에 손을 얹고 맹세하건대, 저는 하느님의 보호 아래 로마 교황청과 가톨릭 교회가 믿고 가르치고 설교하는 모든 조목을 믿어 왔으며, 앞으로도 믿을 것임을 맹세합니다.

이 종교 재판소에서 제게 태양이 세계의 중심에 있고 움직이지 않는다는 잘못된 생각을 버리고, 이런 틀린 개념을 절대로 갖지도, 옹호하지도, 가르치지도 말라고 명령했으며, 이 생각은 성경과 어긋남을 알린 바 있습니다. 그러나 제가 써서 출판한 책에서 이 저주받을 개념을 다루었으며, 거기에서 이 개념을 지지하기 위해 많은 이유들을 꿰어 맞추고 아무런 해답도 제시하지 않았는데, 이런 행동이 이단으로 오해를 받게 되었습니다. 태양이 세계의 중심에 있고 움직이지 않고, 지구는 중심에 있지 않고 움직인다고 제가 믿고 있다는 오해와, 제게 정당하게 쏠리는 이 강한 의혹을, 대주교와 모든 교인의 마음에서 없애고 싶습니다.

그러므로 저는 진심으로 말하건대, 이런 틀린 개념과 이단, 그리고 교회의 가르침에 어긋나는 다른 어떠한 실수든 포기하고, 저주하고, 혐오할 것입니다. 그리고 저는 앞으로 다시는 입을 통해서든 글을 통해서든, 이와 비슷한 오해를 일으킬 수 있는 말을 하지 않을 것을 맹세합니다. 다른 사람들이 이단 행위를 하면 저는 그를 이 종교 재판소에 고발할 것이며, 제가 지금 있는 이 위치에 놓이도록 만들 것입니다. 저는 이 재판정이 제게 요구하는 어떠한 속죄 행위라도 지키고 따를 것임을 맹세합니다.

하느님께 맹세코 절대 그럴 리는 없지만, 제가 만에 하나 이 약속과 맹세와 언명을 어길 때에는, 이 판결문에 따른 의무를 다하지 않을 경우에 대해서, 성스러운 교회법과 다른 일반법 또는 특별법의 규정에 따른 모든 처벌과 고통을 감수할 것을 맹세합니다. 신이시여, 저를 도와 주소서.

저 갈릴레오 갈릴레이는 성경에 손을 얹고 위와 같이 맹세하고, 서약하고, 약속하고, 다짐합니다. 증인들 입회하에 제 손으로 이 맹세를 쓰고 이것을 읽습니다.

1633년 6월 22일, 로마 미네르바 교회에서

저 갈릴레오 갈릴레이는 위와 같이 제 손으로 이 맹세를 썼습니다."

갈릴레오가 이 서약서를 읽은 다음에 "그래도 지구는 돈다."라고 중얼거렸다는 유명한 일화가 있다. 물론, 그 자리에서 다른 사람들이 듣도록 큰 목소리로 이렇게 말하지는 않았을 것이다. 참회성사를 읽은 직후에 그것을 부인하는 말을 했다면, 도저히 용서받을 수 없는 상황이었다. 갈릴레오는 그 정도 분별력은 있는 사람이었나.

종교 재판이 끝나고 나서, 갈릴레오는 귀향해서 가택 연금 상태에 놓이게 되었다. 그 어떠한 책도 출판하는 것이 금지되었으며, 가택 연금 상태는 그가 사망할 때까지 풀리지 않았다. 그렇지만 그의 집에서 사람들을 만나는 것은 허용되었다. 어느 정도 시간이 흐르자, 절친한 동료 학자들이 조심스레 갈릴레오를 찾아오기 시작했다. 유럽의 먼 나라에서 갈릴레오를 만나려고 찾아오는 학생 또는 학자도 있었다.

갈릴레오는 아마 절친한 동료들에게 "그래도 지구는 돈다."라고 나지막하게 중얼거렸을 것이다. 갈릴레오의 유머 감각을 보면, 충분히 있을 수 있는 일이었다. 한 가지 분명한 사실은, 후세 사람들이 이 말을 지어낸 것이 아니라는 점이다. 갈릴레오의 생전에 이미, 절친한 동료들 사이에는 이 말이 널리 회자되고 있었다.

[대화]는 갈릴레오가 남긴 최대의 역작이며, 천동설에 종지부를

찍는 마지막 결정타였다. 갈릴레오의 종교 재판을 놓고서, 그가 교회의 압력에 굴복한 것은 비겁한 짓이었으며, 자신의 신념을 꺾지 않고 순교자의 길을 택했어야 한다는 주장도 없지 않다. 그러나 이러한 견해는 매우 잘못된 것이다.

서양에서 지동설 이론을 처음 주장한 것은 피타고라스 학파였으며, 그 후 아리스타쿠스가 천체 관측을 바탕으로 지동설을 주장했다. 아리스타쿠스는 그 당시 기존의 학자들로부터 강한 박해를 받았다. 자신의 이론을 뒷받침할 수 있는 증거(즉 별들의 연주 시차)를 제시하지 못했기 때문이다. 탁월한 주장은 탁월한 증명을 요구하는 법이다.

그러나 그 후 코페르니쿠스는 정밀한 천체 관측을 바탕으로 자신의 이론을 제시했으며, 갈릴레오의 망원경을 사용한 관측은 지구의 공전 운동을 뒷받침하는 강력한 증거들을 충분히 많이 제공했다. 태양의 흑점에 대한 관측은 지구의 공전에 대한 확실한 증거로서, [대화]의 셋째 날에 상세한 설명이 나온다. 즉 코페르니쿠스와 갈릴레오는 그들의 탁월한 주장을 뒷받침하는 탁월한 증명을 제시한 것이다.

그렇지만 기존의 철학자들과 성직자들은 고집불통으로 갈릴레오의 증거들을 부인했다. 피사 대학의 철학자 키아라몬티(Scipione Chiaramonti, 1565 ~ 1652)는 갈릴레오의 [대화]에 대해 반박하면서, “동물들은 팔다리와 근육이 있어서 움직일 수 있지만, 지구는 팔다리와 근육이 없어서 움직일 수 없다.”라는 유명한 망언을 남겼다. 샤이너는 태양의 흑점에 대해서 갈릴레오보다 훨씬 더 정밀한 관측 기록들을 출판했지만, 그 본성을 끝내 외면했다. 교회 성직자들은 성경의 글자 한 자 한 자에 목숨을 걸 뿐, 눈으로 볼 수 있는 현상들을 인정하지 않았다. 갈릴레오가 이런 옹고집인 사람들을 설득하는 것은 절대 불가능했다. 갈릴레오의 책은 열린 마음을 가진 과학자들과 건전한 상식을 지닌 교양인들을 대상으로 할 뿐이다.

갈릴레오의 [대화]는 1,000권이 인쇄되어서 불티나게 팔렸다. 로마 교황청에서 금서로 판결한 이후 인쇄소를 압수, 수색했지만, 이미 압수할 책조차 남아 있지 않았다. 몇 년 뒤에는 라틴어 번역본도 출판되었다. 갈릴레오의 사상은 유럽 전역으로 퍼져 나갔으며, 로마 교황청에서 그것을 봉쇄할 방법은 없었다. 갈릴레오가 그 후 [새로운 두 과학]을 출판한 결과를 놓고 보면, 갈릴레오가 종교 재판에서 비굴하게 목숨을 구걸한 행위는 매우 현명한 결정이었다.

1634년에 아체트리의 자택으로 귀환한 이후, 갈릴레오는 또 다른 책을 저술할 계획을 세웠다. 로마 교황청에서는 어떠한 책의 출판도 금지하는 명령을 내렸지만, 갈릴레오는 굴하지 않았다. 물리학 분야에 대한 자신의 가장 중요한 업적들을 세상에 널리 알리고 싶었던 것이다. 그 당시 갈릴레오는 70세의 고령으로서, 건강 상태는 매우 나빴다. 한쪽 눈은 완전히 실명한 상태였고, 다른 한쪽 눈의 시력도 매우 나빴다. 그렇지만 그는 [대화]에 등장하였던 살비아티, 사그레도, 심플리치오를 다시 불러내어서, 나흘에 걸친 토론으로 구성된 [새로운 두 과학]을 저술하기 시작하였다.

[대화]에서와 마찬가지로, 살비아티는 갈릴레오의 원숙한 이론들을 소개하며, 갈릴레오 본인도 "절친한 동료 학자"라는 명칭으로 자주 언급된다. 운동 이론을 소개할 때는 갈릴레오의 노트들이 등

장하기도 한다. 심플리치오는 여전히 아리스토텔레스 학파의 이론을 소개하고 있다. 사그레도는 교양 있는 일반적인 지식인을 상징한다. 그렇지만 셋째 날, 넷째 날의 토론에서 운동 이론들을 다룰 때, 사그레도는 훨씬 더 중요한 임무를 맡게 되는데, 운동에 대한 갈릴레오의 초기 및 중기 이론들을 소개하는 역할을 하고 있다.

파도바 대학 시절에 물체의 자유 낙하 운동을 연구하면서, 갈릴레오는 많은 시행착오를 겪어야 했다. 온갖 가설들을 세워 보았으며, 실험 관찰 및 사고 실험, 기타 이론상의 계산을 통해서, 가설들을 검증하고 틀린 것들을 걸러 내는 과정을 거쳤다. 사그레도는 그러한 시행착오를 겪어 나가는 갈릴레오의 초기 및 중기 모습들을 재현해 보여 주고 있다.

첫째 날의 토론은 주로 고체의 강도를 다루고 있다. 두 고체가 서로 똑같은 모습이면서 그 크기가 다르면, 그들 사이의 넓이 비율과 부피 비율은 다르게 된다. 넓이의 비율은 그 크기 비율(즉 길이 비율)의 제곱이 되고, 부피의 비율은 그 크기 비율의 세제곱이 되기 때문이다. 그렇기 때문에, 어떤 고체를 똑같은 모습으로, 그 크기를 두 배로 만들더라도, 그 강도는 (부피 비율처럼) 여덟 배가 되는 것이 아니다. 갈릴레오는 여러 가지 크기의 동물들 및 건축물들, 선박들을 예로 들면서, 이것을 차근차근 설명하고 있다.

그리고 물체의 낙하에 관한 이론들과 매질의 저항을 소개하면서, 진공 속에서는 모든 물체가 (가벼운 양털 뭉치이든, 무거운 쇠공이든 상관없이) 같은 속력으로 낙하할 것이라는 놀라운 예언을 했다.

둘째 날의 토론은 원기둥, 각기둥의 강도 및 크기 비율에 따른 강도의 비율을 다루고 있다. 갈릴레오는 동물을 예로 들면서, 보통 인간의 몇 배 크기의 거인들은 존재할 수 없음을 (신화나 전설에는 흔히 등장하지만) 강조하고 있다.

셋째 날의 토론은 중력으로 인해 자유 낙하하는 물체의 운동을 다룬 것으로서, [새로운 두 과학]에서 가장 핵심이 되는 내용이라 할 수 있다. 갈릴레오는 먼저 일정한 속력의 운동을 정의하고 나서, 일정하게 가속이 되는 운동을 정의했다. 중력에 의한 낙하 운동을 염두에 두고 정의했음은 물론이다. 사그레도는 이 점을 지적하면서, 여러 가지 의문들을 제기하고 있다. 살비아티는 갈릴레오의 여러 가지 실험 관찰들을 소개하면서, 사그레도를 차근차근 설득해 나간다.

사실, 사그레도가 제시하는 이러저러한 이론들이 틀렸음을 살비아티가 지적해 나가는 모습은, 바로 갈릴레오 본인이 이 연구 과정에서 자신의 초기 및 중기의 여러 가지 가설들을 검증하고 타파하면서, 마침내 올바른 낙하 운동 이론을 얻게 되는 과정을 나타낸다. 딱딱한 과학책이 아니라, 토론 형식의 대화체로 쓴 과학책의 장점을 최대한 활용한 것이다.

넷째 날의 토론은 일정한 수평 운동과 일정하게 가속되는 수직 운동을 결합한 것을 다루고 있다. 갈릴레오는 이들의 결합이 포물선 궤적을 따른 운동을 낳게 됨을 증명하고 있다.

갈릴레오는 [새로운 두 과학]의 원고가 준비되자, 출판 가능성을 타진해 보았다. 로마 교황청에 은근슬쩍 분위기를 물어보았으나, 교황청의 답은 확고부동했다. "그 어떠한 책의 출판도 절대 불가능하다." 갈릴레오는 로마 교황청의 영향이 미치지 않는 신교 국가들을 알아보는 수밖에 없었다. 결국 원고를 몰래 외국으로 빼돌려서, 1638년에 네덜란드에서 [새로운 두 과학]을 출판하는 데 성공하였다.

갈릴레오는 그 이후에도 새로운 서적을 저술할 계획을 세웠다. 그는 이미 완전히 실명한 상태였으며, 건강도 매우 나빴으니, 현실적으로 도저히 실현 불가능한 계획이었다. 그는 몇십 쪽 정도 새로운 원고를 적어 나가는 데 그치고 말았다.

갈릴레오는 문득, 자신이 젊은 시절에 발견하였던 진자의 등시성을 떠올렸다. 그 성질을 이용하면, 시간을 정확하게 표현해 줄 시계를 제작하는 것이 가능할 것 같았다. 그는 진자시계의 설계도를 그리도록 하였으나, 그가 시계를 제작하기에는 이미 너무 늦은 상태였다. 진자시계의 발명은 결국 후대 과학자들의 몫이 되고 말았다. 좌충우돌의 위대한 혁명가는 마지막 순간까지도 또 다른 혁명을 꿈꾸고 있었던 것이다.

역사상 가장 위대한 대천재

뉴턴

역사상 가장 위대한 대천재 뉴턴

뉴턴(Isaac Newton, 1642 ~ 1727)은 영국의 물리학자이자 수학자이다. 그는 인류 역사상 가장 중요한 과학자로 간주되며, 과학 혁명의 완성에 크게 기여하였다. 그가 1687년에 출판한 [프린키피아]는 고전 역학의 밑바탕이 되었다. 그리고 뉴턴은 미분적분학을 개발하였으며, 광학에도 크게 기여하였다.

뉴턴의 [프린키피아]는 운동 법칙들과 만유인력 이론을 담고 있는데, 이것들은 그 이후 3세기 동안 과학자들이 우주를 보는 물리학적 관점을 지배하였다. 뉴턴은 자신의 중력 이론을 사용하여 수학적으로 케플러의 행성 운항 법칙들을 유도하였다. 그리고 혜성의 궤도, 밀물·썰물, 분점 이각, 기타 온갖 천문 현상들을 모두 설명하였다. 태양 중심의 지동설 태양계 체계에 대한 모든 의혹을 말끔하게 해소한 것이다.

[프린키피아]에 의해서 지구상에서의 물체들의 운동과 천상에서의 천체들의 운동이 똑같은 힘의 원리에 따라서 이루어짐이 설명되었다. 뉴턴이 제시한 대기압에 관한 이론, 지구의 적도 부분이 볼록하다는 이론 등은 훗날 프랑스를 주축으로 하는 과학자들의 엄밀한 과학적 관측에 의하여 사실로 확인되었다.

뉴턴은 최초의 실용적인 반사망원경을 제작하였으며, 프리즘으로 빛을 분해하여서, 컬러 이론을 개발하였다. 그는 냉각 법칙, 소리의 속력도 이론으로 계산하였으며, 유체 역학을 제시하였다. 미적분학의 기본정리를 발견하였으며, 멱급수, 이항 정리, 근을 찾는 근사법칙(수치해석적 기법)을 제시하였으며, 평면에서 3차곡선들을 분류하였다.

뉴턴은 율리우스 역법으로 (그 당시 영국에서 사용하였다.) 1642년 12월 25일에 출생하였다. 그의 아버지는 그가 태어나기 3개월 전에 사망하였다. 그의 어머니는 그가 3세일 때 재혼하였는데, 어린 뉴턴은 양아버지를 싫어하였으며, 재혼한 어머니에게 반감을 가졌다. 뉴턴의 어머니는 재혼을 통해서 3명의 자녀를 낳았다.

뉴턴은 1661년 6월에 캠브리지 트리니티 칼리지(Trinity College)에 입학하였다. 그는 처음에는 전액 장학금을 받지는 못했다. 반액 장학금을 받으면서, 그 대가로 대학에서 약간의 잡일을 해 주어야 했다. 그러다가 1664년부터 전액 장학 지원을 받게 되었다.

그 당시의 대학 교육은 아리스토텔레스의 철학이 바탕이었으며, 현대 철학자인 데카르트, 천문학으로는 갈릴레오의 업적을 배웠으며, 행성 운행에 관한 케플러의 이론도 공부하였다. 1665년에 그는 일반화된 이항정리를 발견하였으며, 후일 미분적분학으로 발전하게 될 수학 이론을 개발하기 시작하였다.

뉴턴은 1665년 8월에 학사 학위를 받았는데, 그 직후 대학이 일시적으로 문을 닫게 되었다. 흑사병의 창궐 때문이었다. 캠브리지의 학생들 중에 그가 두각을 드러낸 것은 아니었지만, 그 이후 2년 동안 그는 고향에서 독학하면서, 미분적분학 이론, 광학, 만유인력 이론 등 놀라운 결과들을 스스로 발견해내었다.

뉴턴 이전 세대의 과학자인 갈릴레오는 낙하 법칙을 정립해 놓았으며, 케플러는 행성들의 운행 법칙을 발견하였다. 뉴턴 시대의 물리학자들이 해결해야 할 과제는, 이 두 이론을 묶어주는 통일된 역학 이론이었다. 아리스토텔레스 이후, 유럽의 철학자들은 지상에서의 물체들의 운동과 우주에서의 천체들의 운동을 서로 완전히 다른 별개의 개념으로 취급하였다. 이제 그 오랜 편견을 깨뜨릴 때가 된 것이다.

뉴턴은 1666년에 고향에 머물고 있었는데, 정원에서 사과가 떨어지는 것을 보고, 문득 지구의 인력이 매우 멀리까지, 즉 달까지 미칠 것이라는 생각이 들었다. 지표면 근처에서는 지구의 인력이 일정하겠지만, 달은 매우 먼 거리이니, 지구의 인력이 미치더라도 상당히 약해질 것이다. 인력이 거리의 제곱에 역으로 비례하리라는 것은 자연스러운 추정이었다.

뉴턴은 캠브리지로 돌아온 이후, 자신의 이 생각을 확인하기 위해서 계산을 해 보았다. 그런데 그 당시는 지구와 달 사이의 거리가 정확하게 알려져 있지 않았다. 그래서 처음에는 뉴턴의 계산이 어긋났다. 뉴턴은 당혹해하며, 자신의 이 개념을 당분간 보류해 두어야 했다.

그러나 그 이후 정확한 거리를 알게 되어 계산을 하니, 뉴턴의 개념과 잘 맞아떨어졌다. 지구 중심에서 달의 중심까지의 거리는 지구 반지름의 약 60배이며, 지구를 향한 달의 가속도는 지표면에서의 물체의 낙하 가속도의 약 3,600분의 1이었다. 즉 지구의 인력은 그 거리의 제곱에 역으로 비례한다. 뉴턴의 이 계산과 확인은 만유인력 개념을 낳는 핵심 초석이었다.

아리스토텔레스 이후, 유럽의 철학자들은 일정한 원운동을 자연스러운 운동이라고 간주하였다. 바꿔 말하면, 우주에서 행성들이 지구를 중심으로 (사실은 태양을 중심으로) 일정하게 회전하는 운동은 외부의 힘을 전혀 필요로 하지 않으며, 그 때문에 억겁의 세월 동안 변함없이 그 운동을 되풀이한다고 믿고 있었다. 그러나 뉴턴은 원운동이 자연스러운 운동이 아님을 증명하였다. 사실, 원운동은 중심을 향하여 가속이 되는 운동이며, 중심을 향하는 어떤 힘이 작용하는 경우에만 가능한 운동이다.

행성들이 태양을 중심으로 회전하는 것은, 태양이 그 중심에서 인력을 작용하기 때문이다. 행성은 태양의 중력을 받아서, 중심을 향하여 계속 가속되고 있는 것이다. 만약에 태양이 사라져 버리면, 행성은 원운동이 아니라 직선 운동을 하여 멀리 날아갈 것이다. 줄에다가 어떤 공을 묶어서 빙빙 돌리면, 줄이 그 공에 당기는 힘을 가하기 때문에 그 공이 원운동을 하지만, 그 줄이 끊어지면 공은 원운동에서 벗어나 멀리 날아가는 것과 같은 이치이다.

뉴턴은 미분 개념을 사용하여서 원운동의 가속도를 구할 수 있었다. 한편으로, 그의 이러한 계산은 미분 개념을 개발하는 데 크게 도움이 되었다.

캠브리지로 돌아온 이후, 뉴턴은 수학 연구에 전념하였다. 그는 놀라운 결과들을 많이 발견하였지만, 발표하지 않고 서랍 속에 쌓아두는 경우가 더 많았다. 뉴턴은 1669년에 스승인 바로우(Isaac Barrow, 1630 ~ 1677)의 뒤를 이어 석좌교수로 임명되었다.

뉴턴은 내성적이고 논쟁을 싫어하는 성격이었다. 그래서 그의 수학 연구 업적들도 발표되지 않은 것들이 많았으며, 정작 발표한 것들도 다른 수학자들이 그 내용을 이해하지 못 하는 경우가 많았다. 그러니 수십 년 후에 재발견되는 경우가 흔히 있었다. 심지어 뉴턴이 발표한 미적분학의 기본정리(The Fundamental Theorem of Calculus)도 처음에는 수학자들이 그 중요성을 알아차리지 못 했다.

뉴턴의 내성적인 성격은 후크(Robert Hooke, 1635 ~ 1703)와의 논쟁 때문에 더욱 악화되었다. 후크는 뉴턴이 자신의 아이디어를 표절하였다고 주장하였으며, 큰 충격을 받은 뉴턴은 사실상 은둔 생활을 하게 되었다. 뉴턴을 은둔으로부터 이끌어 낸 것은 핼리(Edmond Halley, 1656 ~ 1742)였으며, 그것은 우연한 사건이 계기가 되어서였다.

어느 날 핼리, 후크, 렌(Christoper Wren, 1632 ~ 1723), 이렇게 세 사람이 모여서 태양의 인력과 혜성의 궤도에 대하여 논의를 하였다. 그 무렵인 1680년, 1681년, 1682년에 혜성들이 연이어 등장하였다. (1680년, 1681년에 등장한 혜성은 하나의 혜성인데, '뉴턴의 대혜성'이라 부르며, 주기가 일만 년 이상일 것으로 추정된다. 1682년의 혜성은 '핼리 혜성'이며, 주기가 약 76년이다.)

후크는 혜성이 태양으로부터 거리의 제곱에 역으로 비례하는 인력을 받으며, 이 때 타원궤도를 그리게 된다고 주장하였다. 핼리는 거리의 제곱에 역으로 비례하는 힘을 받는 물체가 타원궤도를 그리게 됨을 증명할 수 있느냐고 다그쳤다. 후크는 증명할 수 있다고 큰소리쳤지만, 증명을 제시하지는 못 했다.

헬리는 문득 뉴턴이 생각났다. 은둔형 대천재 뉴턴은 어쩌면 우주의 심오한 비밀을 파악하고 있을 것 같은 예감이 들었다. 헬리는 뉴턴을 찾아갔으며, 거리의 제곱에 역으로 비례하는 인력을 받는 물체가 어떤 곡선을 그리게 되는지 물어 보았다. 뉴턴은 타원궤도를 그리게 된다고 즉시 답하였다. 헬리는 깜짝 놀랐으며, 그것을 증명할 수 있느냐고 물어 보았다. 뉴턴은 몇 년 전에 증명하였다면서, 서랍을 열어서 찾아보았다. 뉴턴의 서랍 속에는 온갖 종류의 증명들을 적어 놓은 종이들이 수북이 쌓여 있었다.

뉴턴은 그것을 당장은 찾을 수 없다며, 며칠 후에 다시 방문해 달라고 부탁하였다. 며칠 후 뉴턴의 증명을 보게 된 헬리는 큰 충격을 받았다. 불과 두 페이지의 짤막한 증명으로, 타원궤도를 그리게 됨을 증명해 놓았다. 게다가 그 증명은 너무도 간단하고 명명백백해서, 누가 보더라도 논란의 여지가 없었다. 케플러는 몇 년 간 화성과의 전쟁을 통해서 타원궤도를 발견하였지만, 뉴턴은 불과 두 페이지로 그것을 밝혀 놓은 것이다. 만약에 케플러가 뉴턴의 증명을 보았다면, 자신이 몇 년 동안 헛고생을 하였다며 한탄하였을 것이다.

헬리는 뉴턴에게 그 모든 연구 결과들을 엮어서 책으로 출판하라고 간곡하게 설득하였다. 헬리는 왕립 학회에 뉴턴의 놀라운 연구 결과들을 알리고, 학회가 비용을 부담해 줄 것을 요청하였다. 왕립 학회의 예산이 부족하자, 헬리는 자비를 털어 넣었다. 헬리의 적극적인 노력 덕분에, 뉴턴의 위대한 저작 [프린키피아]가 1687년에 출판되어 나왔다.

뉴턴은 [프린키피아]에서 만유인력 이론을 발표하였다. "우주의 모든 물체들 사이에는, 그 거리의 제곱에 역으로 비례하고, 그 질량들의 곱에 비례하는 인력(당기는 힘)이 작용한다."는 이론이다. 물론, 뉴턴이 이것을 증명한 것은 아니다. (이것을 증명하는 일은 불가능하다.) 뉴턴은 이것을 일종의 공리로서 받아들였으며, 그에 따른 물체들(특히 천체들)의 운동을 계산해 놓은 것이다.

행성들의 운행은 물론이고, 지구와 달의 온갖 미묘하고 심오한 운동들을 모두 이 이론으로부터 유도해 낸 것이다. 그 당시까지 수수께끼로 남아 있던 천문학, 물리학의 모든 문제들을 뉴턴은 한 방으로 해결해 버린 것이다. 그 이후 아인슈타인이 일반 상대성 이론을 발표할 때까지, 뉴턴의 만유인력 이론은 물리학을 지배한 역학 이론이었다.

뉴턴은 [프린키피아]에서 세 가지 운동 법칙들을 제시하였다.

운동 법칙 1은 다음과 같다. "물체에다 힘을 가해서 그 상태를 바꾸지 않는 한, 모든 물체는 가만히 있든, 또는 일정한 속력으로 직선 운동을 하든, 계속 그 상태를 유지한다." 이 법칙은 흔히 '관성의 법칙'이라 부른다.

운동 법칙 2는 다음과 같다. "운동이 바뀌는 정도는 가한 힘에 비례한다. 그리고 운동이 바뀌는 방향은 힘을 가한 것과 똑같은 방향이다." 이 법칙은 흔히 $F = ma$라 표현한다.

운동 법칙 3은 다음과 같다. "모든 작용에 대해서, 반드시 그에 대항하여 같은 크기의 반작용이 생긴다. 즉 두 물체들이 서로 상대방에게 가하는 작용은 크기가 같으며 방향이 반대이다." 이 법칙은 흔히 '작용, 반작용의 법칙'이라 부른다.

운동 법칙 1, 2, 3은 공리들이다. 이것들과 만유인력 이론은 뉴턴이 [프린키피아]에서 받아들여 사용하는 가장 핵심인 공리들이며, 이 공리들을 바탕으로 모든 운동 이론들을 전개해 나간 것이다. 이것들 중에 운동 법칙 1, 2는 선대 과학자인 갈릴레오가 거의 정립해 놓았다고 볼 수 있다.

운동 법칙 3은 뉴턴이 발견한 독특한 개념이라 할 수 있으며, 그 이전의 어떠한 과학자도 작용, 반작용의 법칙을 (또는 그와 흡사한 것을) 제시한 바 없었다. 뉴턴은 운동 법칙 3을 제시함으로써, 힘들의 합을 계산할 때 생기는 혼선들을 예방할 수 있었다.

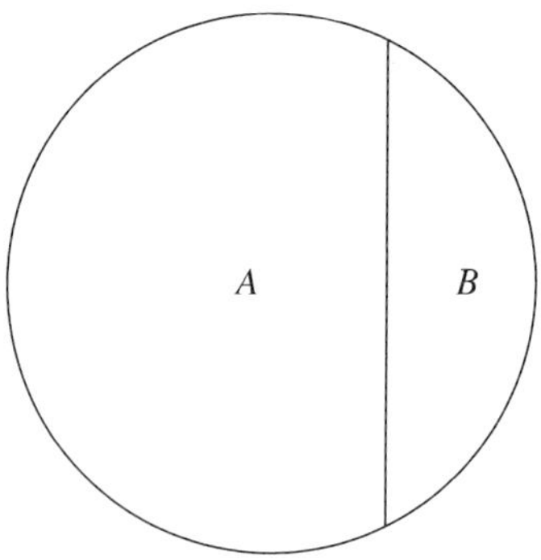

그림

뉴턴은 작용, 반작용의 법칙을 공리로서 채택하는 근거를 다음과 같이 설명해 놓았다. 예를 들어, 우주 공간에 다음 그림처럼 두 물체 A, B가 맞붙어 있다고 하자. (이 두 물체는 지구의 일부분들이며, 이 두 물체의 합이 지구 전체라고 생각하자.)

이 때 물체 A가 물체 B를 어떤 힘으로 끌어당긴다고 가정해 보자. 만약에 이 때 물체 B가 물체 A를 끌어당기는 힘의 크기가 이것보다 약하거나, 또는 물체 B가 물체 A를 오히려 밀어낸다거나 하면, 이 두 힘들의 결합은 B에서 A 방향으로의 힘을 낳게 된다. (우리는 물체 A와 물체 B 사이에 어떤 얇은 경계막이 끼워져 있다고 가정해도 된다.) 그러면 이 두 물체는 A 방향으로 움직이게 된다. 외부에서 작용하는 힘이 전혀 없는데, 이들이 가속이 생겨 움직인다는 것은 운동 법칙 1에 어긋난다.

우리는 물체 A를 '지구'라고, 물체 B를 '사과'라고 생각할 수 있다. 그러면 지구가 사과를 당기는 것과 똑같은 크기의 힘으로, 그러나 방향은 그 정반대 쪽으로, 사과는 지구를 잡아당기고 있다. 태양과 지구 사이의 인력도 마찬가지이다. 태양이 지구를 잡아당기는 것과 똑같은 크기의 힘으로, 지구는 태양을 잡아당기고 있다.

뉴턴이 [프린키피아]를 출판하고 나서 어느 날, 뉴턴은 마차를 탔다. 그런데 말이 마차를 끌기를 거부하였다.

"뉴턴 박사님, 저는 이 마차를 끌 수 없습니다."

뉴턴은 깜짝 놀라서 물었다.

"아니, 왜?"

그러자 말이 마차를 끌 수 없는 이유를 차근차근 설명하였다.

"뉴턴 박사님, 박사님께서 제시하신 운동 법칙 3에 따르면, 제가 이 마차를 앞으로 끌면, 마차는 그와 똑같은 크기의 힘으로 저를 뒤로 끌어당깁니다. 그러니 제가 마차를 끄는 힘과, 마차가 저를 끌어당기는 힘은, 그 크기가 완전히 똑같으며, 그 방향이 완전히 정반대 방향입니다. 그러니 두 힘이 상쇄되어서, 마차와 저는 전혀 움직일 수 없습니다."

뉴턴은 호탕하게 껄껄 웃고 나서 말에게 차근차근 설명해 주었다.

"말아, 너하고 마차가 우주 공간에서 묶여 있고, 주위에 다른 물체들이나 힘들이 전혀 없으면, 너의 주장이 맞게 된다. 그런 상황에서는 전혀 힘을 쓸 수 없어서, 가속이 생겨나지 않게 된다. 그렇지만 너와 마차는 지금 지표면에 놓여 있고, 다른 물체들이 다른 힘들을 가하게 된다.

지표면을 힘차게 디디고 앞으로 나가려고 힘을 가해 보아라. 네가 지표면을 뒤로 미는 것과 같은 크기의 힘으로, 지표면은 너를 앞으로 밀게 된다. 마차가 너를 뒤로 잡아당기지만, 마차가 너를 뒤로 당기는 힘보다 지표면이 너를 앞으로 미는 힘이 더 크다. 그러니 너는 앞으로 가속이 되어 움직일 수 있다. 마차도 마찬가지이다. 지표면의 마찰력이 마차를 뒤로 잡아당기지만, 네가 마차를 앞으로 끄는 힘이 지표면의 마찰력보다 더 크다. 그러니 마차는 앞으로 가속이 되어 움직일 수 있다."

뉴턴의 설명을 들은 말은 고개를 끄덕였다. 말은 땅을 힘차게 박차고 앞으로 움직였으며, 뉴턴이 탄 마차도 앞으로 움직여 나갔다. 물론, 이것은 마차와 지면의 마찰력보다 말과 지면 사이의 마찰력이 더 크기 때문에 가능한 일이다. 만약 빙판이 되어서, 말과 지면 사이에 마찰력이 거의 없어지면, 말과 마차 모두 미끄러지기만 할 뿐, 제대로 앞으로 나아갈 수 없을 것이다.

뉴턴은 평생 독신으로 지냈으며, 경제적으로 큰 어려움은 없었다. 처자식이 없었으니, 크게 신경 쓸 일도 없었다. 논쟁을 싫어하는 내성적인 성격은 갈릴레오와는 대조적이라고 하겠다. 뉴턴의 삶 자체를 놓고 보면, 코페르니쿠스와 비슷한 삶을 살았다고 볼 수 있다.

말년에 뉴턴은 조폐국 국장으로 일하면서, 위조 금화들을 단속하고 위폐범들을 엄하게 처벌하여서, 영국에서 화폐들이 안정되게 유통되는 데 크게 기여하였다. 과학사의 관점에서 보면, 뉴턴이 그런 일에 종사한 것은 그의 과학적 재능의 낭비였다. 그럴 시간에 학생들 또는 교수들을 모아 놓고, 수학을 강의하였다면 훨씬 더 크게 도움이 되었을 것이다.

그렇지만 뉴턴의 성격은 그런 식의 강의를 즐기지 않았다. 논문 또는 책을 통하여 발표하면 그것으로 만족하였을 뿐, 후학들이 그것을 이해하는지 여부는 후학들의 몫이었다. 뉴턴의 그런 성격이 조금 아쉽기로서니, 무슨 상관이 있겠는가? 뉴턴은 인류의 과학 발전을 일백 년 이상 앞당겨 놓았으니, 한 사람이 한 일로서는 충분할 것이다.

가문의 영광

베르누이

가문의 영광 베르누이

베르누이(Bernoullis) 가문은 수학의 역사에서 걸출한 수학자들을 가장 많이 배출한 가문으로 기록된다. 3대에 걸쳐 8명의 탁월한 수학자들이 배출되었는데, 이는 유사한 예를 찾아 볼 수 없는 전무후무한 수학자 가문이라고 하겠다. 그 집안의 Y 염색체에 탁월한 수학자의 유전자가 들어 있었던 것 같다.

베르누이 가문의 선조들은 벨기에 안트워프에 살았는데, 그 후 스위스 바젤로 이사하여 정착하였으며, 스위스 국적을 얻게 되었다. 바젤에서 니클라우스 베르누이(Niklaus Bernoulli, 1623 ~ 1708)가 결혼하여 3명의 아들을 두면서, 수학의 명문가가 막을 올리게 되었다. 그의 아들들은 다음과 같다. (편의상, 수학자 8명에게 번호를 붙여서 구별하도록 하겠다.)

첫째 아들은 ① 야곱(Jacob Bernoulli, 1654 ~ 1705). 그는 베르누이 가문의 첫 번째 수학자였다.

둘째 아들은 니콜라우스(Nicolaus Bernoulli, 1662 ~ 1716). 그는 수학자가 아니라 화가였다.

셋째 아들은 ② 요한(Johann Bernoulli 1667 ~ 1748). 그는 베르누이 가문의 가장 탁월한 수학자로 간주되며, 오일러(Leonhard Euler, 1707 ~ 1783)의 스승이었다.

이들 1세대에 이어, 2세대에서는 4명의 수학자가 배출되었다.

③ 니콜라우스 1세(Nicolaus I Bernoulli, 1687 ~ 1759). 그는 화가 니콜라우스의 아들이다.

④ 니콜라우스 2세(Nicolaus II Bernoulli, 1695 ~ 1726). 그는 ② 요한의 아들이다.

⑤ 다니엘(Daniel Bernoulli, 1700 ~ 1782). 그는 ②요한의 아들이며, 2세대 베르누이들 중에 가장 뛰어난 수학자로 간주된다.

⑥ 요한 2세(Johann II Bernoulli, 1710 ~ 1790). 그는 ②요한의 아들이다.

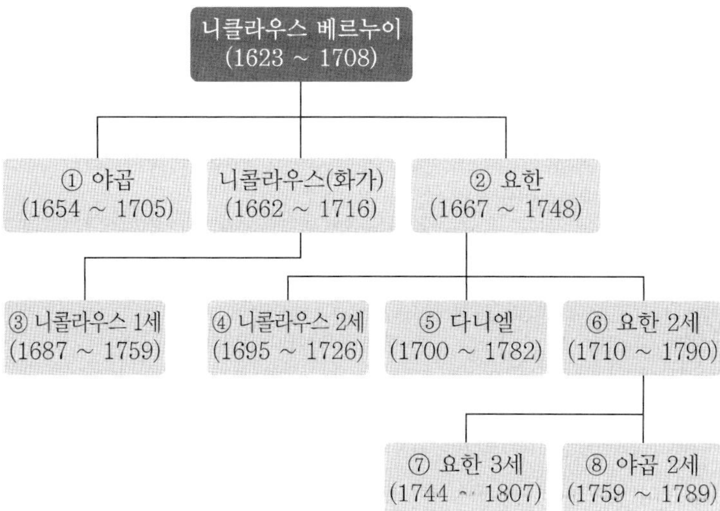

그림 베르누이 가문의 가계도

그리고 요한 2세의 두 아들들이 가문의 영광을 계속 이어나갔다.

⑦ 요한 3세(Johann III Bernoulli, 1744 ~ 1807). 그는 ⑥요한 2세의 아들이다.

⑧ 야곱 2세(Jacob II Bernoulli, 1759 ~ 1789). 그는 ⑥요한 2세의 아들이다.

(1) 야곱 베르누이

야곱 베르누이(Jacob Bernoulli, 1654 ~ 1705)는 스위스 바젤에서 출생하였다. 그의 아버지 니클라우스는 그가 성직자가 되기를 바랐으며, 그는 아버지의 뜻을 따라 신학을 공부하기 시작하였다. 그렇지만 야곱은 수학과 천문학에 흥미를 느껴 공부를 하였다. 그는 1676년부터 1682년까지 유럽 전역을 여행하면서, 당대 최고의 과학자들과 수학자들에게서 최신 이론들을 배웠다. 이 시기에 그는 혜성에 관한 자신의 이론을 제시하였지만, 사실 그 이론은 틀린 것이었다.

야곱은 스위스로 돌아온 이후 1683년부터 바젤 대학에서 역학을 강의하였다. 1680년대는 그가 왕성한 연구 활동을 시작한 시기이다. 그의 유럽 전역에 걸친 여행 덕분에 그 시대의 많은 탁월한 수학자, 과학자들과 친분이 있었고, 그는 평생에 걸쳐서 그러한 친분 교류 관계를 유지하였다. 이 시기는 미적분 이론의 태동기였으며, 그는 새로운 수학의 발견들을 공부하였다.

야곱이 공부한 내용들은 하위헌스(Christiaan Huygens, 1629 ~ 1695)의 [De Ratiociniis in Ludo Aleae], 데카르트(René Descartes,

1596 ~ 1650)의 [기하학], 그리고 스후텐(Frans van Schooten, 1615 ~ 1660)이 그것들을 번역 또는 설명해 놓은 것들이다. 그는 아이작 바로우, 존 왈리스(John Wallis, 1616 ~ 1703)의 이론들도 공부하였으며, 그것들을 통하여 무한소 해석학에 흥미를 가지게 되었다. 그는 확률론 이론도 많이 공부하여서, 훗날 자신의 중요한 저서 [아르스 컨젝탄디(예측의 기술)]에 싣게 될 내용들을 얻었다.

야곱은 1687년에 바젤 대학 수학 교수직을 얻었으며, 평생 그 자리를 유지하였다. 그 무렵 그는 자신의 동생인 요한에게 수학을 가르치기 시작하였다.

라이프니츠는 1684년에 Acta Eruditorum에 발표한 논문인 [Nova Methodus pro Maximis et Minimis(최댓값과 최솟값을 구하는 새로운 방법)]에서 미분 이론을 제시한 바 있는데, 이들 베르누이 형제들은 이것을 바탕으로 공부하였다.

라이프니츠의 미분 이론은 그 당시 수학자들에게는 완전히 생소하고 낯선 새로운 기법이었다. 그리고 그 개념 및 기호들이 제대로 정립되지 않았으니, 수학자들은 라이프니츠의 새로운 이론에 매우 난감해하며 감을 잡지 못 하고 있었다.

베르누이 형제들은 라이프니츠의 이론을 제대로 이해하고 응용하기 시작한 최초의 수학자들이었으며, 라이프니츠의 미분 이론이 대륙의 수학 세계에 뿌리를 내리는 데 크게 기여하였다.

야곱과 요한은 미분의 여러 가지 응용문제들을 연구하면서 서로 협력하였지만, 동생 요한의 수학적 재능이 점점 더 두드러지면서,

형제들의 협력은 경쟁 관계로 바뀌기 시작하였다. 이들은 출판물을 통하여 상대방을 공격하기 시작하였으며, 어려운 수학 문제를 제출하여 상대방의 능력을 시험하려 들기도 하였다. 1697년 무렵에는 이들의 사이는 완전히 파탄나고 말았다.

야곱은 1683년에 수학에서 매우 중요한 상수 e를 발견하였다. (이 수 e는 훗날 '오일러 상수'라 불리게 된다.) 그가 이 수를 발견하게 된 계기는, 복리 이자를 계산하다가 다음 극한값

$$\lim_{n \to \infty} (1 + \frac{1}{n})^n$$

이 등장하였기 때문이다.

예를 들어, 어떤 은행이 있어서, 1년 정기예금에 100% 이자를 붙여준다고 하자. 그러면 예금주가 이 은행에 1,000,000원을 예금하면, 1년 후 그 예금은 (원금과 이자를 합하면) 2,000,000원이 된다. 그런데 그 옆에 경쟁 은행이 생겨서, 6개월 정기예금에 50% 이자를 붙여준다고 하자. 그러면 1,000,000원을 예금했을 때, 1년 후에는 얼마가 되겠는가? 6개월 후에는 1,500,000원이 되며, 여기에 다시 50%의 이자가 붙게 되니, 2,250,000원이 된다.

이런 방식으로 이자 경쟁이 격화되면, 위의 극한이 등장하게 되며, 이 경우 1년 후에는 원금과 이자를 합쳐서

2,718,281.⋯

원이 된다.

야곱이 남긴 가장 중요한 저술은 1713년에 바젤에서 출판된 [아르스 컨젝탄디]이다. 야곱은 1705년에 사망하였는데, 그 당시 이 책의 원고는 미완성인 상태였다. 야곱의 동생인 요한이 원고를 물려받았다면 좋았겠지만, 이 형제들은 이미 원수지간이 되어 있었으니, 기대할 수 없는 일이었다. 야곱의 자녀들은 수학자가 아니었으니, 유업을 물려받을 수 없었다. 우여곡절 끝에, 이 원고는 야곱과 요한의 조카인 ③니콜라우스 1세의 손을 거쳐서 출판될 수 있었다. 이 책은 확률론과 기댓값을 다루어 놓은 고전으로서 매우 중요하며, 특히 베르누이 수들(Bernoulli numbers)을 소개해 놓았다.

(2) 요한 베르누이

요한 베르누이(Johann Bernoulli 1667~1748)는 베르누이 가문의 8명의 수학자들 중에 가장 탁월한 수학자로 간주된다. 요한은 스위스 바젤에서 출생하였다. 그의 아버지 니클라우스는 그가 상업 경영을 공부하여서, 그 가족의 향료 사업을 맡아주기를 바랐다. 그렇지만 요한은 상업을 좋아하지 않았다. 그는 아버지를 설득하여서, 상업 대신에 의학을 공부하게 되었다. 그렇지만 요한은 의학도 그다지 좋아하지 않았던 것 같다. 요한은 형 야곱의 영향을 받아서 수학을 공부하기 시작하였는데, 곧 요한은 수학에 천재적인 자질을 드러냈다. 이들은 라이프니츠의 무한소 미분 이론을 공부하고 응용하기 시작하였다.

야곱과 요한 형제는 처음에는 서로 가르쳐주고 협력하며 수학을 공동으로 연구하였지만, 요한이 바젤 대학을 졸업한 이후, 이 형제들은 심한 질투심과 경쟁 심리에 휩싸이게 되었다. 야곱은 동생 요한의 뛰어난 재능이 부러웠으며, 요한은 형 야곱의 교수 자리와 명예가 부러웠다. 이들은 서로 수학적 능력을 과시하려고 도전 문제를 제출하는 등 싸우기가 일쑤였다. 이들 사이의 가장 유명한 충돌은 다음 문제에 대해서이다.

어떤 입자가 어느 한 위치에서 (원래 위치보다 더 아래에 놓여있는) 다른 어떤 위치로 내려갈 때, 최단시간이 걸리는 경로를 구하시오. 이 입자는 중력의 힘만을 받아서 움직인다고 가정한다.

이 문제는 갈릴레오가 최초로 다루었으며, 갈릴레오는 직선경로보다 원주궤도가 오히려 더 빨리 내려가는 경로임을 증명한 바 있었다. 1697년에 야곱은 이 문제를 제시하면서, 현상금을 내걸었다. 요한은 이 문제에 도전하였으며, 싸이클로이드가 정답이라고 제시하였다. 싸이클로이드는 바퀴가 굴러갈 때 바퀴의 한 점이 그리는 곡선이다. 요한은 이 답을 제시하면서, 밀도가 연속적으로 변화하는 매질 속을 빛이 통과하는 경로와 이 곡선이 관계가 있음을 설명하였다.

그러나 야곱은 요한의 이 증명에 결함이 있다고 트집을 잡았으며, 자신의 해답을 제시하였다. 이제 형제들 사이의 논쟁은 치열한 전면전으로 확대되었다. 결과적으로 이 형제들의 전쟁은 유용한 열매를 맺게 되었으니, 변분법(calculus of variations)이라는 새로운 수학 분야가 탄생한 것이다.

(한편, 영국에서는 뉴턴이 이 문제의 해답을 제시하였다. 뉴턴은 자신의 이름을 숨기고 익명으로 답안을 제출하였는데, 야곱은 그 답안을 보고 "사자는 그 발톱만 보아도 사자임을 알 수 있다."며 크게 감탄하였다.)

바젤 대학을 졸업한 이후, 요한은 1694년에 그로닝겐 대학의 수학 교수직을 얻게 되었다. 그 후 요한은 프랑스를 방문하여서, 귀족이자 큰 부자인 로피탈(Guillaume de L'Hôpital, 1661 ~ 1704)에게 약간의 돈을 받고 수학을 가르쳐 주게 되었다. 요한과 로피탈 사이의 개인교습은 훗날 논란을 낳게 되는데, 로피탈은 요한이 자신에게 가르쳐 준 최신 이론들을 자신이 마음껏 사용할 수 있는 권리를 요구하였기 때문이다.

로피탈은 실제로 1696년에 무한소 미분 이론을 다룬 최초의 교재를 출판하였으며, 그 책에서 이른바 '로피탈의 법칙'으로 알려지게 될 극한값 계산법을 제시해 놓았다. 요한은 크게 실망하였으며, 다른 수학자들에게 편지를 써서 그 법칙이 자신의 이론임을 주장하였다. 사실, 로피탈은 책의 서문에서 자신의 책의 많은 내용들이 요한의 공헌임을 인정하였다.

> "저의 이 책은 베르누이 형제들에게, 특히 그로닝겐 대학 교수인 요한 베르누이의 통찰력에 많은 빚을 지고 있음을 밝힙니다. 저는 베르누이 형제들과 라이프니츠의 발견들을 따로 언급하지 않고 자유롭게 사용하였습니다. 이러한 이유 때문에, 이 책의 내용과 관련하여 그들이 모든 영광을 누리기 바랍니다. 그러고 나서 약간의 부스러기나마 남는 게 있다면, 저는 그것으로 만족할 것입니다."

그렇지만 후대 사람들은 '요한 베르누이의 법칙'이 아니라 '로피탈의 법칙'이라고 부르니, 요한의 입장에서는 불만을 표시하는 게 당연하다.

요한은 1705년에 비로소 고향 바젤로 돌아오게 되었다. 그는 바젤 대학에서 그리스어 교수로 취임할 예정이었지만, 그가 바젤에 돌아온 직후, 형 야곱이 결핵으로 사망하였다. 이제 요한은 형의 자리였던 수학 교수직을 차지하게 되었다.

요한은 라이프니츠의 무한소 미분 이론을 받아들여 연구한 수제자라 할 수 있다. 그러니 뉴턴과 라이프니츠 사이에 미적분학 발견의 선구자가 누구이냐 하는 논쟁이 터졌을 때, 요한은 라이프니츠의 편에 서서 열렬하게 변호하였다. 요한은 라이프니츠가 그의 방법을 사용하여서 어떤 문제들을 푸는데 성공하였으며, 뉴턴은 그 문제들을 푸는데 실패하였음을 제시하였다. 그리고 요한은 뉴턴의 만유인력 이론보다 데카르트의 소용돌이 유체 이론을 선호하여 옹호하였다. 그러나 이 이론은 틀렸으며, 결과적으로 유럽 대륙에서 뉴턴의 이론이 받아들여지는 것이 늦어지도록 만든 꼴이 되었다.

형 야곱이 사망한 이후, 이제 요한은 가족끼리 싸울 일은 없었다. 아니, 없을 거라고 생각하였다. 그런데 자신의 아들 ⑤다니엘이 탁월한 재능을 드러내면서, 아들과 서로 경쟁, 질투하는 사이가 되어버렸다. 1738년에 아버지 요한과 아들 다니엘은 거의 동시에 유체역학에 관한 저술들을 따로따로 출판하였다. (부자가 공저자로서 한 권의 책을 출판하였다면 얼마나 멋진 일이었겠는가!) 요한은 아들보다 자신의 업적이 더 빨리 발견된 것들임을 주장하려고, 의도적으로 자신의 책에다 2년 이전의 날짜를 적어 놓았다. 그렇지만 사실 그 책의 중요한 내용들은 아들 다니엘의 연구 업적들을 허락 없이 차용한 것이었다.

(3) 니콜라우스 1세 베르누이

니콜라우스 1세 베르누이(Nicolaus I Bernoulli, 1687~1759)는 바젤 출신의 수학자이다. 그의 아버지는 수학자가 아니라 화가였다. 그는 바젤 대학에서 큰아버지 야곱에게서 수학을 배웠다. 그는 1709년에 확률론에 관한 이론으로 박사학위를 받았다.

니콜라우스 1세는 큰아버지 야곱의 원고를 물려받아 약간의 손질을 하여서, 1713년에 바젤에서 [아르스 컨젝탄디]를 출판할 수 있었다. 니콜라우스 1세가 야곱에게서 수학을 배웠으니, 그의 유업을 완성할 적임자였던 것이다.

1716년에 그는 이탈리아 파도바 대학에서 갈릴레오 석좌교수직을 얻었으며, 거기에서 미분방정식과 기하학을 연구하였다. 1722년에 그는 스위스로 귀국하였으며, 바젤 대학에서 논리학 교수직을 얻었다.

니콜라우스 1세는 많은 수학자들과 편지를 통하여 교류를 하였는데, 그 속에서 이른바 '상트 페테르부르크의 모순' 문제를 제시하였다. 이 문제를 상트 페테르부르크의 모순 문제라 부르는 까닭은, 훗날 니콜라우스 1세의 사촌동생인 ⑤다니엘이 상트 페테르부르크에 머무를 때 이 문제의 해법을 제시하였기 때문이며, 니콜라우스 1세가 1713년에 처음 이 문제를 제시하였을 때에는 이런 명칭이 붙어 있지 않았다. 이 문제는 다음과 같다.

카지노에서 다음과 같이 동전 던지기 게임을 실행한다. 맨 처음의 판돈은 2달러이며, 게임에 참가한 도박가는 동전을 던져서, 앞면이 나오면 판돈을 받고 게임이 끝나며, 뒷면이 나오면 카지노가 그 판돈을 두 배로 올리고 게임을 계속한다. (물론, 동전은 앞면, 뒷면이 나올 확률이 각각 반반이다.) 이 게임의 기댓값은 얼마인가? 바꿔 말하면, 카지노에서 이 게임을 개설할 때, 도박가는 이 게임에 참가하기 위하여 얼마의 금액을 지불해야 하는가?

우리는 확률과 기댓값 이론을 사용하여서, 이 게임의 기댓값을 계산할 수 있다. 이 게임이 첫판에 끝날 확률은 $\frac{1}{2}$이며, 이 때 2달러를 받게 된다.

$$2\times\frac{1}{2}=1$$

이 게임이 첫판에서 끝나지 않으면, 판돈은 4달러로 올라가며, 만약 둘째 판에서 끝나면, 4달러를 받게 된다.

$$4\times\frac{1}{2}\times\frac{1}{2}=1$$

만약 둘째 판에서 끝나지 않으면, 판돈은 8달러로 올라가며, 만약 셋째 판에서 끝나면, 8달러를 받게 된다.

$$8 \times \frac{1}{2} \times \frac{1}{2} \times \frac{1}{2} = 1$$

이런 식으로 이 게임은 계속된다. (언젠가는 끝이 나겠지.) 그러니 기댓값은 이 금액들을 모두 더해야 한다.

$$1 + 1 + 1 + 1 + \cdots = \infty$$

그러므로 이 게임의 기댓값은 무한대이다. 바꿔 말하면, 도박가가 이 게임에 참가하려면, 무한대의 참가비를 카지노에 지불해야 한다.

이것은 아무리 생각해도 매우 이상하고 납득할 수 없는 결론이다. 이런 게임이 실제로 개설되어 있다면, 당신은 이 게임에 참가하기 위하여 도대체 몇 달러를 지불할 용의가 있는가?

이 문제는 파스칼(Blaise Pascal, 1623 ~ 1662)이 '천국의 기쁨'에 대하여 기댓값을 계산한 것과 비슷해 보인다. 신은 존재하는가? 천국은 존재하는가? 어쩌면 존재하지 않을 지도 모른다. 존재할 확률이 어쩌면 매우 낮을 수도 있다. 천국이 존재할 확률을 ϵ이라 하자. ϵ은 매우 작은 양수이다. 만약 천국이 존재하면, 우리가 신을 믿어서 천국에 가서 살게 되면, 그 기쁨은 무한대일 것이다. 그러므로 우리가 신을 믿으면, 우리가 얻게 될 '천국의 기쁨'의 기댓값은 다음과 같다.

$$\infty \times \epsilon = \infty$$

바꿔 말하면, 무한대이다. 그러므로 우리는 신을 믿어야 한다.

상트 페테르부르크의 모순 문제와 파스칼의 이상한 계산은 무한대를 다룰 때 매우 조심해야 한다는 교훈을 준다.

(4) 니콜라우스 2세 베르누이

니콜라우스 2세 베르누이(Nicolaus II Bernoulli, 1695 ~ 1726)는 ②요한의 아들이다. 그는 바젤 대학에서 수학 및 법률을 공부하였으며, 1711년에 철학 석사학위를, 1715년에 법학 박사학위를 받았다. 니콜라우스 2세는 아버지 요한에게서 수학을 배웠으며, 여러 가지 언어들을 능숙하게 구사하는 등 다방면에 재능이 있었다.

니콜라우스 2세는 1719년에 이탈리아 파도바 대학에서 수학 교수직을 얻었으며, 곡선의 방정식, 미분방정식, 확률론 등을 연구하였다. 그는 유체역학에도 기여하였다.

뉴턴과 라이프니츠 사이의 논쟁에 아버지 요한이 뛰어들어 싸우게 되자, 그는 아버지의 조수 역할을 하면서 아버지 요한을 도와주었다. 아버지 요한과 영국의 수학자 테일러(Brook Taylor, 1685 ~ 1731) 사이에서 이른바 '테일러 급수(Taylor series)'의 발견을 놓고서 논쟁이 벌어졌는데, 그 때에도 그는 아버지의 조수 역할을 충실하게 수행하였다.

니콜라우스 2세는 1725년에 동생 다니엘과 같이 러시아의 초청을 받아들여서, 상트 페테르부르크로 가서 러시아 제국 학회의 교수가 되었다. 그러나 안타깝게도, 그는 러시아에 정착하고 나서 8

개월 후에 열병으로 사망하였다. 그의 교수직은 동생 다니엘 및 오일러가 승계하게 되었다. 젊은 나이에 요절하는 바람에, 그의 수학적 재능은 풍성한 열매를 맺지 못한 채 꺾이고 말았다.

(5) 다니엘 베르누이

다니엘 베르누이(Daniel Bernoulli, 1700 ~ 1782)는 ②요한의 아들이다. 다니엘은 수학자이자 물리학자였으며, 특히 수학을 유체역학에 응용한 것으로 유명하다. 그는 확률론과 통계학에도 개척자적인 업적을 남겼다. ④니콜라우스 2세는 그의 형이었으며, ⑥요한 2세는 그의 동생이었다. 베르누이 가문의 2대째 형제와 사촌들 중에서, 다니엘이 가장 탁월하게 많은 업적을 남겼다.

다니엘이 대학에 입학할 나이가 되자, 아버지 요한은 그에게 상업 경영을 배우도록 권유하였다. 수학자는 수입이 보잘것없다는 것이 그 이유였다. 그렇지만 다니엘은 수학을 공부하고 싶었기 때문에, 아버지의 요청을 거부하였다. 그러자 아버지 요한은 그에게 의학을 공부하라고 권유하였다. 그는 아버지의 요청을 받아들였지만, 그 대신에 아버지가 자신에게 개인적으로 수학을 가르쳐 달라고 요구하였다. 아버지 요한은 이 부탁을 받아주었다. 다니엘은 바젤, 하이델베르크, 스트라스부르크에서 의학을 공부하였으며, 1721년에 해부학 및 식물학 분야에서 박사학위를 받았다.

그는 아버지 요한과 사이가 나빴는데, 그 이유는 다니엘의 뛰어난 재능을 아버지가 시기하였기 때문이다. 파리 대학에서 주최한 과학 경시대회에 아버지와 그가 나란히 응모하였으며, 아버지와 그가 공동우승이라는 결론이 나왔다. 아버지 요한은 그것을 굴욕으로 간주하였다. 아들과 자신이 동등하다는 '치욕'을 도저히 견딜 수 없었던 요한은 아들 다니엘을 자신의 집에 들르지 못 하도록 금지령을 내렸다. 1738년에 다니엘이 유체역학에 관한 저술 [하이드로나미카]를 출판하고, 아버지 요한이 몇 개의 핵심 아이디어들을 훔쳐서 [하이드롤리카]를 출판하자, 부자 사이는 완전히 파탄나고 말았다. 그 후 다니엘은 아버지와 화해하려는 시도를 하였지만, 아버지 요한은 사망할 때까지 아들과의 대립 관계를 풀지 않았다.

다니엘은 오일러와 매우 친한 동료였다. 그는 1724년에 상트 페테르부르크에 수학 교수 자리를 얻어 갔지만, 거기에서 그리 행복하지 않았던 것 같다. 1733년에 병까지 생기는 바람에, 러시아를 떠나 스위스로 환국하였다. 그는 그 이후 사망할 때까지 바젤 대학에서 의학, 물리학, 자연과학 등의 교수로 역임하였다.

다니엘과 오일러가 상트 페테르부르크에 같이 체제할 때, 두 사람은 많은 연구들을 공동으로 협력하여 수행하였다. 이들은 유체의 흐름을 연구하였는데, 특히 인체에서 혈액의 흐름의 속력과 그 압력과의 관계를 알고 싶었다. 이것을 조사하기 위하여, 다니엘은 유체가 흐르는 관에 작은 구멍을 뚫고, 거기에 끝이 막히지 않고 열린 대롱을 붙여 보았으며, 이 때 그 대롱 속으로 유체가 올라가는 높이가 그 관에서의 유체의 압력에 비례함을 알아차렸다.

이 발표가 있고 나자, 유럽의 수많은 의사들은 환자의 혈압을 측정하기 위하여, 환자의 동맥에 구멍을 내고 거기에 가는 유리관을 대고 혈압을 측정하기 시작하였다. 이러한 환자들의 고통은 170년 후에야 비로소 끝날 수 있었다. 1896년에 이탈리아의 의사가 오늘날과 같은 혈압 측정법을 발견한 것이다. 다니엘이 발견한 압력 측정법은 오늘날 항공기의 속력을 측정하는데 사용되고 있다.

다니엘이 남긴 가장 중요한 저서는 1738년에 출판한 [하이드로나미카]이다. 그는 이 책에서 에너지 보존의 법칙을 바탕으로 유체의 속력과 압력 사이의 관계를 도출하였는데, 이것을 '베르누이의 원리(Bernoulli's principle)'라 부른다. 흐르는 유체는 (밀폐된 유체와 달리) 압력이 달라져도 그 부피가 거의 변화하지 않으며, 이러한 유체는 그 속력이 빨라지면 그 압력이 낮아지게 된다. 항공기가 공중에 뜨게 되는 힘은 바로 베르누이의 원리로부터 나온다. 항공기는 날개의 위쪽으로 흐르는 공기의 속력이 아래쪽으로 흐르는 공기의 속력보다 더 빠르도록 설계하며, 따라서 날개의 위쪽이 압력이 낮아지며, 그 압력의 차이가 항공기를 뜨게 하는 것이다.

다니엘은 상트 페테르부르크의 모순 문제에 대해서 해답을 제시한 것으로 유명하다. 그가 이 문제의 답을 제시한 것은 1738년으로서, 상트 페테르부르크의 학회지에 논문으로 발표를 하였다. 다니엘이 제시한 것은 이른바 '유용성의 값어치(expected utility)'이다.

간단하게 표현하자면, 돈의 '값어치'가 그 사람의 경제적 형편에 따라서 달라진다는 것이다. 어떤 사람에게 돈 백만 원을 준다고 하자. 가난해서 끼니를 굶는 사람에게 백만 원을 주면, 그 백만 원은 매우 큰 '값어치'가 있으며, 그 돈을 요긴하게 쓸 것이다. 그렇지만 재벌 그룹 후계자에게 돈 백만 원을 주면, 그게 무슨 '값어치'가 있겠는가? 가난한 사람이 느끼는 그 돈의 '값어치'에 비해서, 백분의 일은 고사하고 만분의 일도 되지 않을 것이다.

여기 어떤 사람이 백만 달러의 재산을 가지고 있다고 하자. 그러면 그 재산을 가지고 잘 먹고 잘 살 수 있다. 그 사람의 재산이 이백만 달러 또는 사백만 달러가 된다 하더라도, 그 사람이 두 배 또는 네 배로 잘 살게 되는 것인가? 차 한 대 굴리던 사람이 차를 두 대 또는 네 대 굴리고, 아파트 평수를 두 배 또는 네 배로 늘리면, 그 사람이 두 배 또는 네 배로 행복하게 사는 것인가?

그러니 백만 달러의 재산을 가진 사람이, 그 모든 재산을 카지노에 바치고 이 게임에 참가할 이유는 없다. 그가 재산을 두 배 또는 네 배로 늘릴 확률은 백만 분의 일 이하이다. 설령 그 어려운 확률을 이겨내고 재산을 몇 배로 늘린다 하더라도, 그가 과연 이전에 비해서 몇 배 행복해진 것인가?

다니엘은 유용성의 값어치는 로그 함수처럼 증가한다고 주장하였으며, 그에 따른 이 게임의 기댓값을 계산하여 제시하였다. 다니엘이 제시한 유용성의 값어치 이론은 오늘날의 경제 및 복지 정책에서 요긴하게 활용된다.

(6) 요한 2세 베르누이

요한 2세 베르누이(Johann II Bernoulli, 1710~1790)는 ②요한의 세 명의 아들들 중에 막내이다. 그는 법률과 수학을 공부하였다. 프랑스를 여행하고 나서, 그는 자신의 고향으로 돌아와 바젤 대학에서 웅변 교수로 재직하였다.

요한 2세는 프랑스 파리 과학 학회의 경시대회에서 여러 번 우승하였는데, 그가 응모한 분야는 빛의 전파, 자석, 캡스턴(밧줄을 감는 기계 장치) 등이었으며, 에테르에 대해서도 연구를 하였다. 그 공헌을 인정받아서, 아버지 요한이 사망한 이후, 그는 바젤 대학 수학 교수직을 물려받게 되었다.

그는 1700년대 후반기에 바젤 시와 베르누이 가문의 수학적 명성을 유지해 주었다. 요한 2세는 유럽의 많은 학자들과 편지 왕래를 통하여 학문을 교류하였는데, 특히 프랑스의 수학자 모페르튀(Pierre Louis de Maupertuis, 1698~1759)와 친밀한 교류 관계를 유지하였다.

모페르튀는 베를린 학회 학회장을 지냈지만, 라이프니츠의 업적을 표절하였다는 의혹을 받았으며, 볼테르는 모페르튀를 강력하게 비난하였다. 모페르튀는 결국 베를린을 떠났으며, 스위스 바젤로 도망을 쳤다. 모페르튀는 요한 2세의 집에 머물다가 삶을 마감하였다.

요한 2세의 두 아들 ⑦요한 3세, ⑧야곱 2세는 베르누이 가문의 마지막 유명 수학자들이었다.

(7) 요한 3세 베르누이

요한 3세 베르누이(Johann III Bernoulli, 1744 ~ 1807)는 ⑥요한 2세의 아들이며, 천문학자, 수학자이자 지리학자이다. 그는 어릴 때부터 신동으로 소문이 자자하였다. 그는 바젤과 뉴샤텔에서 공부하였으며, 13세의 나이에 철학 박사학위를 받았고, 14세에 법학 석사학위를 받았다.

요한 3세는 19세의 나이에 베를린 왕립 천문대 천문학자로 취임하였다. 1년 후 그는 베를린 학회의 천문대를 새롭게 개편하였다. 요한 3세는 그 이후 프랑스, 영국, 이탈리아, 러시아, 폴란드 등지를 방문하여서, 많은 여행기를 남겼다. 이것들은 역사적, 문화적으로 매우 값어치 있는 기록들이다. 그는 오일러의 대수학 저서를 프랑스어로 번역하여 출판하기도 하였다.

(8) 야곱 2세 베르누이

야곱 2세 베르누이(Jacob II Bernoulli, 1759 ~ 1789)는 ⑥요한 2세의 막내 아들이며, 물리학자이자 수학자이다. 야곱 2세는 바젤에서 교양 공부를 마친 뒤, 뉴샤텔에 가서 프랑스어를 배웠다. 그 이후 바젤로 돌아와 법학을 전공하여 졸업하였다.

그렇지만 그는 아버지 요한 2세와 큰아버지 다니엘에게서 수학을 배웠으며, 독일과 이탈리아를 여행하면서, 여러 수학자들과 교류하였다. 야곱 2세는 1788년에 상트 페테르부르크에서 수학 교수직을 얻었다. 그는 오일러의 손녀와 결혼하여 가정을 꾸렸는데, 안타깝게도 몇 달 후에 네바 강에서 수영을 하다가 익사하였다. 상트 페테르부르크의 자연은 두 명의 젊은 베르누이들을 앗아 간 것이다.

진화론을 주장한 수학자

모페르튀

진화론을 주장한 수학자 모페르튀

모페르튀(Pierre Louis de Maupertuis, 1698 ~ 1759)는 프랑스의 수학자, 물리학자이자 지성인이다. 그는 프랑스 생말로에서 출생하였으며, 그의 아버지는 부유한 상인이었다. 그는 어렸을 때 개인교습으로 수학을 배웠다. 공식 교육을 마친 뒤, 그는 아버지의 뜻에 따라서 기병대에 입대하였다. 3년 간의 어렵고 위험했던 기병대 생활을 마친 뒤, 그는 파리에서 살게 되었으며, 수학자이자 문학적 유머를 갖춘 지성인으로 명성을 얻게 되었다.

그의 초기 논문들은 운동 에너지의 보존과 관련된 내용들이었다. 운동 에너지 보존 이론은 라이프니츠가 처음 제시한 것인데, 뉴턴과 데카르트가 주창한 운동량 보존의 법칙과 상충되는 것 같았으며, 그래서 당시에는 이 이론을 둘러싸고 혼동과 논란이 있었다.

그 당시 유럽 대륙에서는 뉴턴의 운동 이론이 완전히 받아들여지지 않은 상태였는데, 모페르튀는 뉴턴의 이론을 연구하고 발전시켜서, 대륙에서의 뉴턴 이론의 보급에 큰 도움을 주었다. 이제 데카르트의 소용돌이 이론은 뒷전으로 밀려나게 되었다.

1730년대에 프랑스에서는 지구의 생김새를 둘러싸고 학계에서 커다란 논란이 있었다. 모페르튀는 뉴턴의 이론을 바탕으로, 지구는 극지방에 비해서 적도 부분이 더 불룩하게 튀어나온 펑퍼짐한

호박 모양이라고 주장하였다. 그의 경쟁자인 천문학자 카시니(Jacques Cassini, 1677 ~ 1756)는 그와 반대로, 지구는 극지방 쪽이 길쭉한 참외 모양이라고 주장하였다.

그 진실을 밝히기 위해서, 프랑스 정부는 큰 예산을 투입하여 탐험대를 적도 지방과 극지방으로 투입하게 되었다. 극지방에서 위도 1도의 길이와 적도 지방에서 위도 1도의 길이를 각각 측정하여서, 비교해 보기 위해서였다.

모페르튀는 극지방 쪽 탐험대의 대장이 되었다. 라플란드에서 혹독한 추위에 시달리고 굶주린 늑대들에게 쫓기는 대모험을 겪으면서, 프랑스 탐험대는 위도 1도의 정확한 길이를 측정할 수 있었다. 그 결론은 모페르튀와 뉴턴의 손을 들어주었다. 지구의 모습은 평퍼짐함이 확인된 것이며, 이제 모페르튀는 파리의 학계에서 유명인사가 되었다.

모페르튀는 그 후 생물학을 연구하여서, 1745년에 [비너스의 몸]이라는 책을 출판하였다. 그는 이 책에서 자연 선택설과 유전 이론을 주창하였다.

> "자연이 여러 가지 다양한 생명체들을 탄생시키는 능력이 있었다고 치자. 그렇지만 그 모든 다양한 생명체들이 살아남을 수는 없었을 것이다. 자연의 경쟁에서 적합한 생명체도 있었을 것이고, 그렇지 못한 생명체도 있었을 것이다. 수많은 다양한 생명체가 탄생되었다 하더라도, 적합한 구조여서 살아남은 생명체는 소수였을 것이며, 대다수의 적합하지 못한 생명체들은 멸종하였을 것이다. 입이 없는 생명체는 먹지 못하니 살아남을 수 없으며, 생식기가 없는 생명체들은

종족을 보존할 수 없으니 멸종될 수밖에 없다. 그러니 오늘날 우리들이 볼 수 있는 이들 생명체는 자연이 제멋대로 생산한 수많은 생명체들 중에서 살기에 적합하여 살아남은 생명체들이다."

모페르튀의 유전 이론은 범생설(pangenesis)라고 할 수 있다. 엄마, 아빠에게서 나온 어떤 입자들이 그 유전적 성질을 전달하는데, 이 입자들이 적당하게 섞여서, 엄마, 아빠의 양쪽 성질들을 적당한 비율로 물려받게 된다는 개념이다.

장구한 세월이 흐르면 생명체들이 변화한다는 개념, 자연 선택에 의해서 적합한 생명체만이 살아남아 그 형질을 후세에 전한다는 개념, 인류라는 종족도 그 기원을 연구하면, 인류가 아닌 다른 어떤 생명체로부터 진화하였을 수 있다는 개념 등은 모페르튀의 선구자적인 업적이라고 하겠다.

모페르튀는 그 이후 프러시아(독일) 베를린으로 갔다. 프러시아 황제 프레데릭 2세(Frederick II, 1712 ~ 1786, 재위 1740 ~ 1786)의 초청을 받아들인 것이다. 모페르튀는 프러시아 과학 학회의 초대 학회장이 되었다. 모페르튀는 그 당시 베를린에 머물고 있던 오일러와 친밀한 사이가 되었으며, 오일러의 도움을 많이 받았다.

모페르튀는 1746년에 운동의 법칙에 관한 논문을 프러시아 학회에 발표하였다. 1700년대 전반기에 물리학계에서는 운동의 법칙에 관하여 큰 논란과 혼동이 있었다. 그 이유는, 운동량 보존의 법칙과 운동 에너지 보존의 법칙이 서로 어긋나기 때문이었다. 운동량은 질량 곱하기 속력으로 주어지며, 뉴턴 및 데카르트 학파의 이론에 따르면 운동량은 (물체들 사이의 충돌이 일어날 때) 보존이 되어야 한다.

그런데 모페르튀는 라이프니츠 학파였으며, 라이프니츠 학파는 운동 에너지 보존을 주장하였다. 운동 에너지는 질량 곱하기 속력의 제곱에 비례하는데, 그렇다면 '단단한 물체'들 사이의 충돌에서는 운동량도 보존이 되고, 운동 에너지도 보존이 되어야 할 것이다. 그렇지만 이 두 개념이 서로 상충되니, 양쪽이 모두 보존될 수는 없었다. 그래서 물리학자들 사이에는 혼동과 논란이 계속되었다.

오늘날의 과학으로 판단해 보면, 에너지는 여러 가지 형태가 있으니, 운동 에너지는 충돌 과정에서 열에너지로 변환될 수도 있다. 바꿔 말하면, 운동 에너지와 열에너지를 합하여서 생각하면, 에너지 보존의 법칙이 성립한다. 그리고 운동량과 운동 에너지가 보존되는 '단단한 물체'란 존재하지 않는다.

그렇지만 모페르튀의 물리학 이론은 라이프니츠의 업적을 표절하였다는 의혹을 받았다. 프레데릭 2세의 초청을 받아서 베를린에 머물던 프랑스의 극작가 볼테르(Voltaire, 1694 ~ 1778)는 모페르튀를 강력하게 비난하였으며, 그를 가리켜 "지구를 평퍼짐하게 만든 사나이"라고 놀려댔다.

1756년에 이른바 7년 전쟁이 발발하자, 모페르튀는 곤란한 처지에 놓이게 되었다. 프랑스와 프러시아 사이에 전쟁이 터졌으니, 프러시아에 머물고 있는 프랑스인은 입장이 곤란할 수밖에 없었다. 베를린 사람들이 보기에, 그는 적국 프랑스에서 파견된 간첩인 것 같았다. 반면에 파리 사람들이 보기에, 그는 적국 프러시아에 투항하여 협조하는 반역자인 것 같았다. 게다가 모페르튀는 건강이 악화되어서, 결국 베를린을 떠났으며, 스위스 바젤로 옮겨갔다. 모페르튀는 바젤에서 요한 2세의 집에 머물다가 삶을 마감하였다.

양과 질 모두 최고였던

오일러

양과 질 모두 최고였던 오일러

오일러(Leonhard Euler, 1707 ~ 1783)는 스위스 태생의 수학자, 물리학자이다. 그는 러시아와 독일에서 활동하였다. 오일러가 남긴 수학 저술은 30,000 페이지 이상이며, 수학의 역사상 가장 많은 양의 논문을 남긴 수학자로 손꼽힌다. 논문의 양은 물론이고, 그 수준(질)에 있어서도 어떤 수학자에게도 뒤지지 않는다.

오일러는 해석학과 복소수 이론, 정수론, 그래프 이론 등 수학의 광범위한 영역에서 광범위한 논문들을 남겼다. 그는 수학의 여러 가지 중요한 기호들을 제정, 사용하여서, 널리 통용되도록 만들었으며, 유체역학, 광학, 천문학, 음악 이론 등에도 기여하였다.

레온하르트 오일러는 스위스 바젤에서 출생하였다. 그는 맏이였으며, 여동생 2명과 남동생 1명이 있었다. 아버지 폴(Paul Euler)은 교회 목사였다. 그가 출생한 직후, 그의 가족은 바젤에서 강 건너 라이헨으로 이사하였다.

오일러는 1720년에 13세의 나이로 바젤 대학에 입학하였으며, 1723년에 철학 석사학위를 받았다. 그의 석사학위 논문은 데카르트의 철학과 뉴턴의 철학을 비교하는 내용이었다. 그 당시에 오일러는 토요일 오후에 요한 베르누이에게서 수학 교육을 받았다. 요한 베르누이는 유럽 최고의 수학자로 간주되고 있었으며, 어린 오일러에게 가장 크게 영향을 끼친 수학자이다.

오일러는 대학에서 신학, 그리스어, 히브류어를 공부하고 있었으며, 아버지는 그가 목사가 되기를 희망하고 있었다. 그렇지만 요한 베르누이는 어린 오일러가 수학에 천재적인 자질이 있음을 곧 알아차렸으며, 오일러의 아버지를 설득하여서, 오일러가 수학자의 운명을 받아들이도록 만드는 데 성공하였다.

1726년에 오일러는 소리의 전파에 관한 논문을 완성하였다. 그 당시에 그는 바젤 대학의 교수직을 얻으려고 노력하였으나 실패하였다. 요한 베르누이의 두 아들 다니엘과 니콜라우스는 그 때 러시아 상트 페테르부르크에서 러시아 제국 과학 학회의 교수로 재직하고 있었다. 그런데 니콜라우스는 1726년 7월에 열병으로 사망하고 말았다. 니콜라우스가 차지하고 있던 수학, 물리학 분야 교수직을 동생 다니엘이 물려받았으며, 다니엘이 차지하고 있던 생리학 분야 교수직이 비게 되었다. 다니엘은 그 자리에 오일러를 추천하였는데, 오일러는 1726년 11월에 그 교수직을 수락하였다. 그렇지만 오일러는 즉시 러시아로 출발하지 않고 망설였는데, 바젤 대학에 미련이 남아 있었기 때문이다. 그러나 바젤 대학은 끝내 오일러를 외면하였으며, 오일러는 러시아를 향한 길에 올랐다.

오일러는 1727년 5월 17일에 상트 페테르부르크에 도착하였다. 그는 의학부 생리학 부교수직에서 수학부 교수직으로 승진하여 옮기게 되었으며, 다니엘과 같이 기거하게 되었다. 두 사람은 친밀하게 지냈으며, 공동으로 연구를 한 것도 많았다. 오일러는 곧 러시아어를 익혔으며, 상트 페테르부르크에서의 생활에 녹아들게 되었다. 그는 러시아 해군의 의사 직위도 겸임하게 되었다.

그렇지만 오일러가 러시아에 자리를 잡았을 때, 과학 학회의 봄날은 저물어가고 있었다. 상트 페테르부르크에 있던 러시아 제국 과학 학회는 러시아 황제 표도르 대제(Peter the Great, 1672~1725, 재위 1682~1725)가 설립한 것이었다. 표도르 대제는 스웨덴을 물리치고 러시아 제국의 영토를 크게 확장하였으며, 상트 페테르부르크를 러시아의 새로운 수도로 건설하였다.

표도르 대제는 서유럽에 비해서 뒤처진 러시아의 과학을 부흥시키기 위하여 러시아 제국 과학 학회를 설립하였다. 그래서 학회를 재정적으로 넉넉하게 지원하였으며, 외국인 과학자들을 환대해 주었다. 도서관에는 표도르 대제가 친히 기증한 것과 기타 귀족들이 기증한 장서들이 넘쳐났다. 학회는 대학을 겸하고 있었는데, 등록된 학생 수는 그리 많지 않았다. 교수들의 강의 부담을 줄이기 위해서였다. 학회는 연구에 중점을 두었으며, 교수들의 과학 연구에 있어서 시간 및 재정 양면에서 넉넉하고 여유가 있도록 지원하였다.

1725년에 표도르 대제가 사망한 이후, 그의 부인 카테리나(Catherine I, 1684~1727, 재위 1725~1727)가 여황제로 취임하였다. 카테리나 여제는 남편 표도르 대제의 유지를 이어받아, 학회를 넉넉하게 지원해 주었으며, 외국인 과학자들은 여전히 따뜻한 환대를 받았다.

그렇지만 카테리나 여제가 1727년 5월 17일에 사망하면서, 학회의 분위기는 바뀌게 되었다. 이제 12세의 어린 나이인 표도르 2세(Peter II, 1715~1730, 재위 1727~1730)가 취임한 것이다. (표도르 2세는 표도르 대제의 손자이다. 표도르 2세의 아버지는 반역혐의로 표도르 대제에 의해서 처벌을 받아 감옥에서 사망하였다.) 황제의 권세는 자연히 약화되었으며, 러시아 귀족들은 권력을 되찾기 시작하였다. 표도르 대제의 개혁에 반감을 가지고 있던 러시아 귀족들은 학회의 외국인 과학자들을 의심의 눈초리로 지켜보았으며, 재정 지원을 줄여나갔다. 오일러와 그 동료들은 이제 찬밥신세가 된 것이다.

학회의 상황은 표도르 2세가 사망한 이후 약간 개선되었다. 그리고 오일러는 그 능력을 인정받아서, 학회에서 승진하여 1731년에 물리학 분야 교수직에 올랐다. 2년 후, 다니엘은 상트 페테르부르크의 겨울 날씨만큼이나 쌀쌀한 분위기와 검열에 그만 지쳐버려서, 러시아를 떠나 바젤로 갔다. 이제 오일러는 다니엘의 자리를 물려받아서, 수학 분야 학과장이 되었다.

오일러는 1734년 1월 7일에 결혼하였는데, 아내는 카테리나 지젤(Katharina Gsell, 1707 ~ 1773)이었다. 그들은 네바 강변에 아담한 집을 사서 신혼 생활을 시작하였다. 그들은 13명의 자녀들을 두었지만, 유년기를 넘겨 살아남은 아이들은 5명이었다. (당시 유럽에서 유아들의 사망률은 50% 정도였다.)

오일러는 1741년 6월 19일에 상트 페테르부르크를 떠났다. 러시아의 계속되는 정치적 혼란과 혹독한 추위에서 벗어나고 싶었고, 프러시아(독일) 프레데릭 2세가 그에게 베를린 학회에 자리를 제시한 것이다. 그 이후 오일러는 25년 간 베를린에서 살았다. 그는

380편이 넘는 논문들을 발표하였으며, 두 권의 책을 출판하였다.

그리고 오일러는 프레데릭 2세의 질녀인 샤롯데(Frederick Charlotte, 1745 ~ 1808)의 개인 교사가 되었다. 오일러는 1760년대에 그녀에게 200통이 넘는 편지들을 부쳤는데, 이 편지들은 훗날 책으로 묶어 출판되었다. 그 책의 제목은 [자연과학의 여러 분야들에 대하여 독일의 공주님께 드리는 오일러의 편지들]이다. 이 책은 수학 및 물리학에 대한 오일러의 설명 및 통찰이 담겨 있으며, 오일러의 개인적인 삶 및 종교적 믿음과 관련한 내면을 살펴볼 수 있다. 이 책은 그의 수학 서적들보다 훨씬 더 많이 팔렸으며, 유럽의 여러 나라들 및 미국에서도 번역, 출판되었다. 이 책의 인기를 보면, 어려운 과학 내용을 평범한 일반인에게 설명 및 전달하는 오일러의 탁월한 재능이 엿보인다.

오일러는 베를린 학회의 권위를 높이는 데 크게 기여하였지만, 결국 프레데릭 황제의 눈밖으로 밀려났으며, 그 때문에 베를린을 떠나는 선택을 해야 했다. 프레데릭 황제는 궁전에 많은 학자들을 거느리고 있었으며, 황제가 보기에 오일러는 숫자와 도형들만을 알고 그 이외에는 무지한 비교양인처럼 보였다. 오일러는 단순하고 종교적 믿음이 강한 사람으로서, 기존의 사회 질서 체계 또는 교양 상식에서 벗어나려는 마음은 전혀 없었다.

그 당시 황제의 궁전에서 크게 인기를 누리던 유명 지식인은 프랑스의 계몽주의 작가 볼테르였는데, 오일러와는 180도 다른 성향의 인물이라고 할 수 있다. 오일러는 토론에 능숙한 사람이 아니었다. 오일러가 자신의 전공 분야가 아닌 분야에 관하여 불가피하게 토론 속으로 끌려갔을 때, 대개 볼테르의 먹잇감이 되고 말았다.

게다가 오일러는 시력이 점점 더 악화되어 갔다. 오일러는 열병으로 거의 사망할 뻔한 위기를 넘기고 나서 3년 후인 1738년에, 오른쪽 눈의 시력을 거의 완전히 잃었다. 오일러의 오른쪽 눈의 시력은 그 이후 베를린에 살 때에도 점점 더 나빠져서, 프레데릭 황제는 그를 키클립스(외눈박이)라고 놀렸다.

그러다가 1766년에는 왼쪽 눈에 백내장이 발견되었으며, 불과 몇 주 후에 왼쪽 눈도 거의 보이지 않게 되었다. 이제 오일러는 완전히 장님이 된 것이다. 그렇지만 그의 수학적 생산 능력은 조금도 저하되지 않았다. 그는 탁월한 기억력과 암산 능력으로 장님이 된 약점을 극복할 수 있었던 것이다.

오일러는 베르길리우스의 [아에네이드]를 처음부터 끝까지, 조금의 망설임도 없이 완벽하게 다 외울 수 있었다. 뿐만 아니라 (아에네이드 책의 어떤 판본에서) 모든 페이지의 처음 문장과 끝 문장을 제시할 수 있었다. 오일러는 조수들의 도움을 받아서, 모든 분야에서의 연구 및 생산 활동이 조금도 줄어들지 않았다.

7년 전쟁이 악화되던 와중인 1760년에, 오일러의 농장이 러시아 군대에 의해서 약탈을 당했다. 그 사실을 알게 된 이후, 러시아의 장군은 오일러에게 사과하고 보상금을 보냈다. 그 당시 러시아의 황제는 표도르 대제와 카테리나 여제 사이의 딸 엘리자베스(Elizabeth Petrovna, 1709 ~ 1762, 재위 1741 ~ 1762)였다. 엘리자베스 여제는 4,000 루블의 보상금을 추가로 오일러에게 부쳐 주었는데, 그 당시로서는 매우 큰 금액이었다.

7년 전쟁은 1763년에 막을 내렸다. 카테리나 2세(Catherine II, 1729~1796, 재위 1762~1796)가 러시아의 여황제로 취임한 이후, 러시아의 정치는 안정을 되찾았다. 그래서 1766년에 오일러는 러시아의 초청을 받아들여 상트 페테르부르크로 복귀하였다. 오일러에 대한 러시아의 대우는 가히 파격적이었다. 연봉 3,000 루블에 평생 연금을 약속하였고, 아들들을 고위직에 취직시켜 주기로 하였다. 물론 오일러가 러시아로 돌아간 까닭은 그러한 예우보다도, 베를린의 생활에 환멸을 느꼈고, 상트 페테르부르크에서의 젊은 시절의 추억이 그를 간절하게 이끌었기 때문이다.

오일러는 이미 완전히 장님이 되었지만, 학문 연구를 여전히 왕성하게 계속하였다. 러시아에서의 두 번째 삶은 온갖 사건들로 파란만장하였다. 1771년에는 상트 페테르부르크에 큰 불이 일어나서, 그의 집도 타버렸다. 장님인 그는 간신히 피신하여 목숨을 구하였다. 1773년에는 그의 아내가 사망하였다. 아내가 죽고 나서 3년 후, 오일러는 아내의 이복여동생 아비게일 지젤(Abigail Gsell, 1723~1794)과 재혼하였다. 바꿔 말하면, 처제와 결혼한 것이다.

오일러는 독실한 기독교 신자였으며, 기독교 교리를 따르는 신실한 삶을 살았다. 오일러의 기독교 교리에 대한 옹호와 관련하여 유명한 일화가 있다. 프랑스의 철학자 디드로(Denis Diderot, 1713~1784)가 카테리나 2세의 초청을 받아 상트 페테르부르크를 방문하였다. 그런데 디드로는 무신론자였으며, 궁전의 여러 학자들과 신하들에게 무신론적 철학을 설파하였다. 카테리나 2세는 경악하였으며, 오일러에게 디드로를 물리쳐 달라고 당부하였다. 오일러는 여황제의 요청을 받아들여서, 궁전에서 디드로와 맞장을 뜨게 되었다.

오일러는 디드로에게 다가가, 근엄하고 진지한 목소리로 주장하였다. "무슈 디드로, $e^{-i\pi}=-1$ 입니다. 그러므로 신은 존재합니다. 자, 반박해 보시지요." 오일러의 갑작스러운 선공에 디드로는 당황하였다. 디드로는 수학에 대해서 아는 게 전혀 없었으니, 오일러의 주장에 대해 어떻게 반박해야 할지 갈피를 잡을 수 없었다.

디드로는 멍한 표정이 되고 말았으며, 전혀 대꾸를 할 수 없었다. 궁전의 신하들과 학자들은 그 모습을 보고 박장대소하였다. 디드로는 크게 굴욕감을 느꼈으며, 내가 이러려고 러시아에 왔나 하는 자괴감이 들 정도로 괴로웠다. 디드로는 곧 상트 페테르부르크를 떠났으며, 여황제는 오일러의 활약에 매우 흡족해했다. 오일러는 베를린의 궁전에서 볼테르에게 당한 수모를 디드로에게 돌려준 셈이 되었다.

오일러는 1783년 9월 18일에 사망하였다. 가족들과 점심 식사를 한 이후, 그는 새로이 발견된 행성인 천왕성에 대해서 동료 학회원과 이야기를 나누다가 뇌출혈로 쓰러졌으며, 몇 시간 후 사망하였다.

오일러는 수학의 여러 분야에서 광범위한 업적들을 남겼다. 그것들 중 가장 중요하고 유명한 것들 몇 가지를 소개하자면 다음과 같다.

오일러는 ‘오일러 상수’ $e=$ 2.71828…를 연구하여 그 성질들을 밝혀놓았다. 오일러 상수 e는 다음과 같은 성질들을 가지는 무리수이다.

$$e = \Sigma_{n=0}^{\infty}\frac{1}{n!} = \frac{1}{1}+\frac{1}{1}+\frac{1}{1\cdot2}+\frac{1}{1\cdot2\cdot3}+\cdots$$

$$e = \lim_{n\to\infty}(1+\frac{1}{n})^n$$

$$\int_1^e \frac{1}{x}\,dx = 1$$

오일러가 이 상수를 처음 발견한 것은 아니다. 네이피어(John Napier, 1550~1617)가 로그의 연구를 통하여 1618년에 이런 성질의 수를 처음 언급한 바 있으며, 야곱 베르누이가 1683년에 이 상수를 발견하였다. 오일러는 이 상수와 관련한 많은 연구들을 통하여 이 상수의 성질을 완벽하게 밝혀 놓았고, 이 상수에다 e라는 기호를 부여함으로써, ‘오일러 상수’라는 명칭을 얻는 영광을 누리게 되었다.

오일러는 또 다른 ‘오일러 상수’ $\gamma=$ 0.577215…를 발견하였다. γ는 다음과 같이 정의되는 수이다.

$$\gamma = \lim_{n\to\infty}(\Sigma_{k=1}^{n}\frac{1}{k} - \int_1^n \frac{1}{x}\,dx)$$

놀랍게도, γ는 유리수인지, 아니면 무리수인지 여부가 아직까지 밝혀지지 않고 있다. (물론, 대부분의 수학자들은 γ가 무리수일 것으로 예상하고 있다.)

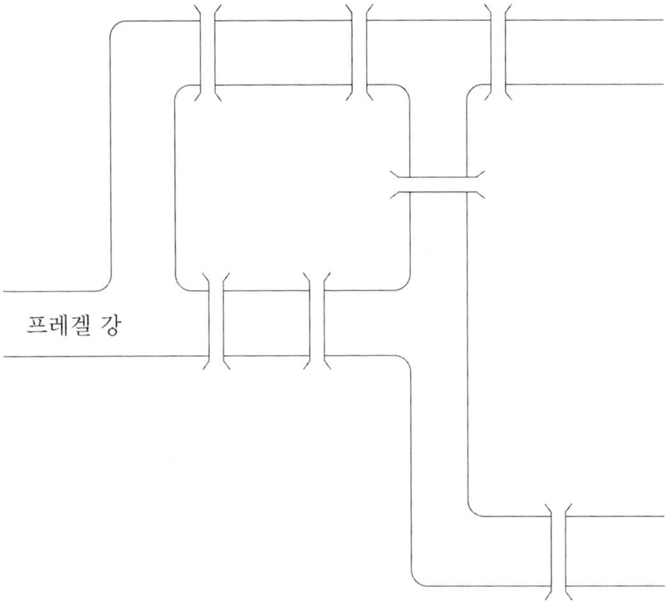

그림 1

오일러는 쾨니히스베르크의 다리 문제를 해결하였다. 쾨니히스베르크는 철학자 칸트(Immanuel Kant, 1724~1804)의 고향으로 유명한 도시인데, 현재는 도시 이름이 칼리닌그라드이며, 러시아의 역외 영토에 속한다. 쾨니히스베르크에는 프레겔 강이 흐르며, 도심에 작은 섬이 있는데, 그 섬 및 주변의 세 개의 지역들은 7개의 다리들로 연결되어 있었다. (현재는 그 다리들이 사라지고 없다.)

그런데 그 다리들을 단 한 번씩 건너며, 7개의 다리들을 모두 다 건너가는 것이 가능한가? 이 문제가 큰 인기를 끌면서, 쾨니히스베르크의 시민들은 다리를 가득 메우고 사방으로 건너다니며 이 문제를 풀려고 노력하였다.

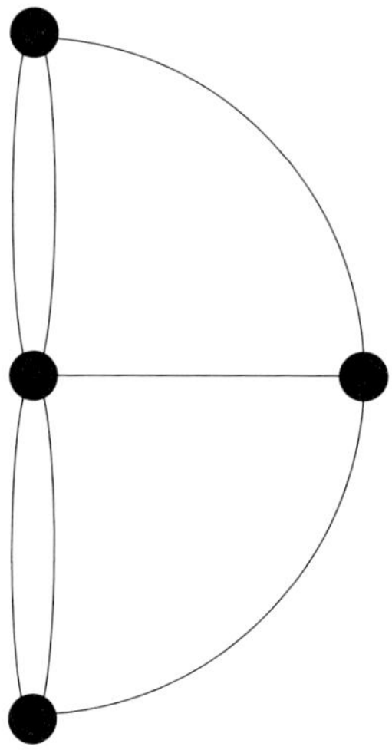

그림 2

오일러는 이 문제의 핵심을 파악하였다. 중심이 되는 작은 섬과 주변의 세 개의 지역들을 각각 하나의 점으로 나타낼 수 있다. 그러면 7개의 다리들은 이 네 개의 점들을 잇는 선으로 나타낼 수 있다. 이것은 이른바 "한 붓 그리기" 문제이다. 이 7개의 선들을 붓을 떼지 않고, 중복으로 지나지 않으면서, 한 번에 그리기가 가능한가 라는 문제이다. 지금 이 문제의 경우 이것은 불가능하다. 이른바 '홀수점'이 네 개가 있기 때문이다.

오일러는 정수론 분야에도 많은 기여를 하였다. 오일러는 1732년에

$$6,700,417$$

이 홑수(prime number)임을 증명하였는데, 그 당시 발견된 가장 큰 홑수였다. 그리고 오일러는 1772년에

$$2^{31} - 1 = 2,147,483,647$$

이 메르센느 홑수(Mersenne prime number)임을 증명하였다. 이것은 그 당시 발견된 가장 큰 홑수였으며, 결과적으로 오일러는 백여 년 이상 동안 인류가 알고 있던 가장 큰 홑수를 발견한 사람이라는 영예를 누릴 수 있었다.

그렇지만 오일러가 가장 크게 기여한 분야는 복소수였다. 복소수는 그 당시 새로이 발견된 분야로서, 개척의 여지가 많았다고 할 수 있다. 복소수의 존재는 카르다노의 [아르스 마그나]에서 언급된 바 있지만, 제곱하면 -1이 되는 수, 즉

$$i^2 = -1$$

을 만족하는 "허수" i가 '실제로 존재하는 수'임을 인정받기까지 어느 정도 시간이 필요했다. 음수가 그 존재를 인정받기까지 2,000여 년 이상의 시간이 필요했던 것을 고려하면, 허수는 오히려 그 존재를 빨리 인정받은 셈이다.

오늘날에도 '허수'라는 명칭 때문에, "실수 1은 실제로 존재하는 수이고, 허수 i는 실제로 존재하지 않는 상상의 수이다."라고 생각하는 학생들이 있는데, 이는 완전히 틀린 생각이다. 실수 1과 마찬가지로, 동등한 자격으로, i는 실제로 존재하는 수이다.

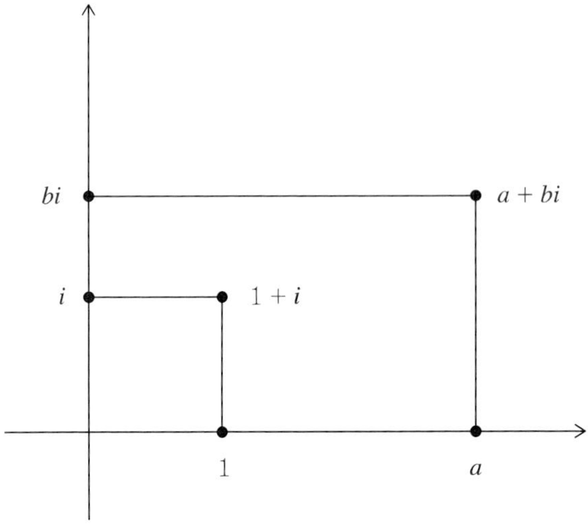

그림 3

복소수는 그림처럼 2차원 평면으로 나타낼 수 있다. 실수를 1차원 직선으로 나타내는 것과 비교해 보면, 복소수는 '차원 높은 수'라고 볼 수 있다. 복소수의 극형식 표현

$$re^{i\theta} = r(\cos\theta + i\sin\theta)$$

는 오일러가 발견한 것이다. 특히 다음 공식

$$e^{i\pi} + 1 = 0$$

은 흔히 "가장 아름다운 수학 공식"으로 간주된다.

오일러는 물리학, 천문학, 역학, 음악, 논리학 분야에도 많은 기여를 하였다. 역사상 3대 수학자로는 대개 아르키메데스, 뉴턴, 가우스를 손꼽는데, 그렇다면 오일러는 4등 안에는 꼭 든다고 봐야

할 것이다. 오늘날 스위스, 독일, 러시아는 모두 오일러가 자국의 수학자라고 주장하며, 각종 기념 사업을 주최하고 있다. 오일러가 어느 나라의 수학자인가 라는 문제는 전혀 중요하지가 않다. 그는 진정 인류가 낳은 위대한 수학자이기 때문이다.

수학의 제왕

가우스

수학의 제왕 가우스

가우스(Johann Carl Friedrich Gauss, 1777 ~ 1855)는 독일의 수학자이다. 그는 정수론, 대수학, 통계학, 해석학, 미분기하학, 측량학, 천문학, 광학 등등 많은 분야에 업적을 남겼다. 가우스는 아르키메데스, 뉴턴과 더불어 역사상 가장 위대한 3대 수학자라 칭해지며, 수학의 역사상 가장 영향력이 큰 수학자들 중의 한 명으로 간주된다.

가우스는 1777년 4월 30일에 독일 브룬스빅에서 출생하였다. 그의 부모는 가난한 노동자 계층이었다. 그의 어머니는 문맹자였으며, 그의 출생일을 정확하게 기록하지를 못했다. 다만 그가 수요일에 출생하였으며, 승천일 축제보다 8일 전에 출생하였다고 기억하였다. 승천일이란, 예수께서 부활하시고 40일 간 제자들과 지내시다가, 하늘나라로 승천하신 것을 기리는 축일이다. 그러니 부활절로부터 꼭 39일 후이다. 가우스는 부활절 날짜를 계산하여서, 자신의 출생일을 구해 낼 수 있었다.

가우스는 어릴 때부터 수학의 신동이었다. 그가 8세였을 때, 1부터 100까지 숫자들의 합을 구하는 방법을 발견하였다는 유명한 일화가 있다. 그 이외에도 그의 천재성을 드러낸 일들이 많이 있으며, 그는 십대이던 시절에 이미 중요한 수학적 발견을 이룩하였다. 가우스가 남긴 가장 중요한 저서 [산술 연구]의 원고를 완성한 시기는 그가 21세던 1798년이었다. (이 책이 출판된 것은 1801년이었다.) 이 책은 정수론을 오늘날의 학문 형태로 형성하는 데 크게 기여하였다.

가우스의 탁월한 수학적 재능은 브룬스빅의 대공이던 페르디난트(Charles William Ferdinand, 1735~1806)의 주목을 받았다. 대공이 가우스를 후원해 준 덕분에, 가우스는 괴팅겐 대학에서 공부를 할 수 있었다. 대학에 재학하는 동안, 그는 몇 가지 중요한 정리들을 (기존의 학자들이 이미 발견하였지만, 그들의 증명과는 상관없이) 독자적으로 발견하였다.

가우스의 첫 번째 놀라운 수학적 발견은 1796년에 있었다. 정17각형이 작도 가능함을 밝힌 것이다. 정다각형들의 작도 문제는 고대 그리스 시대부터 연구 대상이었지만, 가우스의 시대에 이르기까지 이론상 큰 발전은 없었다. 그런데 가우스가 그에 관한 이론을 규명하기 시작한 것이다.

일반적으로 어떠한 각이 주어지든, 그 각을 이등분하는 작도는 항상 가능하다. 그러니 만약 정n각형이 작도 가능하면, 정$2n$각형도 작도 가능하며, 따라서 정$4n$각형, 정$8n$각형, 정$16n$각형, … 등등이 모두 작도 가능하다.

프랑스의 법률가이자 아마추어 수학자인 페르마(Pierre de Fermat, 1607~1665)는 이른바 '페르마 수(Fermat number)'라는 것을 발표하였는데, 다음과 같은 형태의 수들이다.

$$2^{2^n} + 1$$

페르마는 이런 형태의 수들이 모두 홑수(prime number)일 것이라고 예상하였다. 그러나 그의 예상은 틀린 것으로 판명났다. 이런 형태의 수들 중에, 처음 다섯 개인

$$3,\ 5,\ 17,\ 257,\ 65537$$

은 홑수인 것으로 밝혀졌으나, 그 이후에 나오는 페르마 수들은 계속 합성수로 판명이 나고 있다. 이 다섯 개의 수들을 '페르마 홑수(Fermat prime number)'라고 부르며, 현재까지 여섯 번째 페르마 홑수는 발견되지 않고 있다.

가우스는 페르마 홑수들이 작도 가능한 정다각형들과 밀접한 관련이 있음을 밝혔다. 바꿔 말하면, 2^k에다 이 페르마 홑수들은 제각각 한 번 또는 영 번 곱한 수의 변을 가지는 정다각형은 작도 가능함을 증명하였다. (하나의 페르마 홑수를 두 번 이상 곱하면 안 된다.) 그러니 정17각형, 정257각형, 정65537각형은 작도 가능하며, 정 15각형, 정51각형, 정 255각형도 작도 가능하다. 이 수들의 2배수, 4배수, 8배수, 16배수, … 등등의 변을 가진 정다각형들도 모두 작도 가능하다. (그러나 정9각형, 정25각형은 작도가 불가능하다.)

가우스는 정17각형의 작도 방법을 발견한 것을 매우 자랑스러워하였으며, 이것이 계기가 되어서, 가우스는 수학을 평생의 업으로 선택하였다. 가우스는 이 발견을 기념하기 위해서, 자신의 묘비에 정17각형을 그려서 새겨 달라고 요구하였다. 그렇지만 묘비를 만

드는 석공은 그의 청을 거절하면서, 정17각형은 새기기가 매우 어렵고, 설령 정확하게 새긴다 하더라도, 너무 둥글어서 원처럼 보일 것이라고 설명하였다.

가우스가 유럽 전역에 명성을 떨치게 된 계기는 1801년에 있었던 소행성 세레스의 궤도 계산이었다. 이탈리아의 천문학자 피아치(Giuseppe Piazzi, 1746 ~ 1826)는 1801년 1월 1일에 팔레르모의 천문대에서 세레스를 처음 발견하였다. 그는 약 한 달 동안 이것을 관측하였으며, 하늘에서 약 3도 가량 움직인 궤도를 기록할 수 있었다. 그런데 그 이후 이것은 관측할 수 없는 위치로 들어갔다.

태양, 달을 제외한 모든 천체들은 1년 중 절반의 기간은 관측 가능하며, 나머지 절반의 기간은 관측 불가능하다. 태양과 반대 방향에 있어서 밤의 어두운 하늘에 뜰 때 관측 가능하고, 태양과 같은 방향에 있어서 낮의 밝은 하늘에 뜰 때는 관측 불가능하기 때문이다.

피아치는 반 년 동안 애타게 기다리고 나서, 1801년 가을이 되자 매일 밤 망원경에 눈을 붙이고 세레스를 찾았다. 그러나 안타깝게도, 세레스를 다시 발견할 수 없었다. 그는 세레스의 궤도를 계산해 보려 했지만, 한 달의 기간 동안 3도의 움직임을 기록한 것으로는 그 궤도를 계산하는 것이 도저히 불가능했다. 피아치는 절망 속으로 빠졌으며, 매일 밤 미친 듯이 세레스를 찾았다.

가우스는 이 소문을 듣고 그 궤도를 구하기로 작정하였다. 행성은 삼차원 공간 속에서 태양을 하나의 초점으로 하는 타원궤도를 그리며, 지구도 역시 타원궤도를 그리며 움직인다. 그러니 그 행성의 위치는 복잡한 고차방정식이 되는데, 가우스는 8차방정식을 만들어내고 그것을 풀어야 했다.

궤도 관측 데이터는 물론 오차를 내포할 수 있으며, 복잡한 계산 과정을 간단하게 하기 위해서도 어떤 근삿값들을 사용할 필요가 있었다. 가우스는 계산 과정에서 '최소 제곱법'을 제시하고 사용하였는데, 오차에 관한 최소 제곱법은 오늘날 거의 모든 통계 또는 과학 실험에서 광범위하게 사용되는 추정법이다.

가우스는 3개월 동안 이 계산에 매달린 끝에, 이 행성의 1801년 12월의 위치를 계산하여 제시하였다. 이제 천문학자들은 가우스가 제시한 위치로 망원경을 돌려 수색에 나섰으며, 1801년 12월 31일에 세레스가 재발견되었다. 가우스가 계산한 위치로부터 불과 0.5도 떨어진 곳에 세레스가 놓여 있었다. 가우스의 계산 능력에 온 유럽이 감탄하였으며, 그가 제시한 행성의 궤도 계산 방법은 그 이후 수많은 소형 천체들의 궤도 계산에 활용되었다.

가우스는 대수학과 정수론 분야에 혁혁한 기여를 하였다. 가우스는 산술의 기본정리(fundamental theorem of arithmetic)와 대수학의 기본정리(fundamental theorem of algebra)를 증명하였다. 산술의 기본정리란, 모든 양의 정수는 유일한 소인수분해를 가진다는 정리이다. 대수학의 기본정리란, 유한 차수의 (상수가 아닌) 복소수 계수의 다항식은 영이 되는 값이 (복소수 내에서) 존재한다는 정리이다. 그리고 가우스는 홀수 분포 정리(prime number theorem)를 제시하였다.

가우스는 기하학 분야에도 크게 기여하였다. 어떤 곡면에 대해서, 그 굽은 정도를 나타내는 가우스 곡률(Gaussian curvature)이라는 개념을 도입하였는데, 가우스 곡률은 그 곡면에 속하는 고유의 본성으로서, 놀랍게도 그 곡면이 3차원 공간 속에서 어떤 모습으로 놓여 있든 상관이 없음을 증명하였다.

예를 들어, 평면을 생각해 보면, 평면은 가우스 곡률이 0이다. 그런데 원기둥의 옆면은 어떤가? 원기둥의 옆면은 언뜻 생각하면 곡면인 것 같지만, 사실 그 가우스 곡률은 0이다. 바꿔 말하면, 원기둥의 옆면은 본질적으로, 사실상 평면이다.

이 사실은 다음의 예를 생각해 보면 추측할 수 있다. 평면에 종이가 놓여 있다고 하자. 그러면 그 종이는 평면이다. 이 종이를 둘둘 말면, 그 종이는 원기둥의 옆면이 될 것이다. 그런데 이러한 변환 과정에서, 종이의 면이 본질적으로 변화한 게 있는가? 없다. 종이의 면은 사실상 그대로이다. 그러니 둘둘 말은 종이면도 그 본질적 성질은 평면과 사실상 같다.

이제 구면을 생각해 보자. 구면은 가우스 곡률이 양수이며, 따라서 구면은 본질적으로 평면과 완전히 다르다. 그렇기 때문에, 구면인 지구상의 모습을 평면에다 올바르게 옮기는 것은 절대 불가능하다. 바꿔 말하면, 평면으로 된 모든 지도는 올바르지 않으며, 어떤 왜곡을 내포하고 있다. 이것은 구면과 평면이 본질적으로 다르기 때문에 생기는 현상이니, 올바른 (왜곡이 없는) 평면지도를 제작하는 것은 절대 불가능하다.

그렇다면 구면에 어떤 개미가 있어서, 이 개미가 그 구면이 놓여 있는 3차원 입체공간을 볼 수 없으며, 그 구면에서만 움직인다면, 개미는 자신의 활동 무대인 그 면이 구면인지, 아니면 평면인지 여부를 판단할 수 있는가? 가우스는 “그렇다.”고 답해 준다. 곡률은 그 곡면 고유의 성질이며, 따라서 그 곡면에서 거리, 각 등을 측정함으로써 곡률을 구할 수 있다. 그러니 개미는 그 곡면에서 벗어나지 않고도 자신이 곡면에 살고 있음을 알아차릴 수 있다. (그렇지만 그 개미가 깡통의 옆면에서만 움직인다면, 그 면이 깡통의 옆면인지, 아니면 평면인지 여부는 판단할 수 없다. 깡통의 옆면과 평면은 본질적으로 똑같기 때문이다.)

가우스의 이론은 그의 제자인 리만(Georg Friedrich Bernhard Riemann, 1826 ~ 1866)에 의해서 계승, 발전되어서, 미분기하학이라는 수학의 새로운 분야가 탄생하였다. 미분기하학은 훗날 아인슈타인(Albert Einstein, 1879 ~ 1955)이 일반 상대성 이론을 전개하는 밑바탕이 되었다.

가우스는 전기 및 자기장을 연구하여서, 여러 가지 중요한 법칙들을 발견하였다. ‘가우스 법칙(Gauss’s law)’은 맥스웰의 전자기 관련 4개의 방정식들 중의 하나로써, 전기·자기에 관한 이론들의 밑바탕이 되었다. 가우스는 지구의 자기장에 대하여서 많은 측정 및 이론상의 연구를 하여서, 지구의 자기장을 규명하는 데에도 크게 기여하였다. 1833년에는 전기를 사용한 최초의 전보기계를 만들어 사용하기도 하였다.

가우스는 1855년에 사망하였으며, 그의 두뇌는 특별히 보존되어 연구되었다. (그의 천재성을 밝히고 싶었던 것 같다.) 오늘날과는 달리, 옛날 그 시절에는 개천에서 (가끔씩) 용이 태어났던 것 같다.

시대를 앞선 선구자

칸토어

시대를 앞선 선구자 칸토어

칸토어(Georg Ferdinand Ludwig Philipp Cantor, 1845 ~ 1918)는 독일의 수학자이다. 그는 집합론을 창시하였으며, 무한집합들 사이의 크기 관계를 규명하였다. 칸토어의 업적은 수학의 근본이 되는 수 체계, 크기 관계, 공리 체계를 엄밀하게 만들어 수학의 토대를 탄탄하게 만든 것이다. 그러나 그의 동시대 수학자들은 칸토어의 혁명적인 이론을 제대로 이해할 수 없었으며, 상당수의 수학자들은 그의 이론을 결사적으로 반대하였다. 칸토어의 삶은 동료들과의 불화 때문에 꼬일 수밖에 없었다.

칸토어는 러시아 상트 페테르부르크에서 출생하였다. 그의 아버지는 부유한 상인이었다. 그런데 아버지의 건강이 악화되어서, 그가 11세였을 때 그의 가족은 러시아를 떠났으며, 비스바덴을 거쳐 프랑크푸르트에 정착하게 되었다. 상트 페테르부르크의 혹독한 겨울을 피하고 싶었던 것이다.

칸토어는 스위스 공과대학에서 공부를 하였고, 그 이후 베를린 대학과 괴팅겐 대학에서 공부를 하였다. 베를린과 괴팅겐은 그 당시 독일에서 수학 연구의 중심지였다. 칸토어는 그 이후 자신만의 수학 이론을 전개해 나가기 시작하였는데, 그 당시 어느 누구도 주목하지 않았던 무한집합들의 크기 관계를 엄밀하게 따져 본 것이다.

유한집합의 경우 크기 관계가 매우 쉽고 분명하다. 유한집합 A, B가 있어서, A의 원소의 개수가 n개이고, B의 원소의 개수가 m개라고 하자. 만약 $n<m$이면, 집합 A보다 집합 B가 더 크다. 만약 $n=m$이면, 집합 A와 집합 B는 그 크기가 같다. 바꿔 말하면, 유한 집합들 사이의 크기 관계란, 그 원소들의 개수의 크기 비교와 완전히 일치한다.

그리고 유한집합은 자신의 진부분집합보다 더 크다. 예를 들어, 유한집합 A가 있고, A의 진부분집합인 집합 B가 있다고 하자. 바꿔 말하면,

$$B \subset A, \quad B \neq A$$

라고 하자. 그러면 집합 B도 유한집합이며, 집합 A의 원소의 개수는 집합 B의 원소의 개수보다 더 크다. 즉 집합 A는 집합 B보다 더 크다.

그리고 유한집합들 사이에는 비둘기집 원리(Pigeonhole principle)가 성립한다. 비둘기집 원리란 다음과 같다.

> "비둘기들이 전부 n마리가 있고, 비둘기집이 전부 m개가 있다고 하자. 그런데 $n>m$이라 하자. 이 모든 비둘기들이 비둘기집에 들어가 있으면, 두 마리 이상이 들어가 있는 비둘기집이 적어도 한 개 있다."

물론, 두 마리 이상이 들어가 있는 비둘기집이 여러 개 있을 수도 있다. 그리고 경우에 따라서는 꼭 두 마리가 들어가 있는 집은 없을 수도 있다. 세 마리, 네 마리가 한 집에 들어가 있는 경우도

있을 수 있기 때문이다. 그리고 비둘기집 원리는 이 경우 모든 비둘기집에 꼭 비둘기가 들어있다고 주장하지는 않는다. 비어 있는 집도 얼마든지 있을 수 있다.

그런데 이 모든 성질들이 무한집합의 경우는 성립하지 않는다. 칸토어는 집합들 사이의 크기 관계란 그 두 집합의 원소들 사이에 일대일 대응 관계가 존재하느냐 여부를 따지는 것임을 알아차렸으며, 일대일 대응 관계라는 비교를 바탕으로 무한집합들의 크기를 분류하였다. 그러자 놀라운 결과들이 쏟아져 나왔다.

자연수의 집합을 N이라 하고, 자연수들 중에 짝수들의 집합을 M이라 하자.

$$N = \{1, 2, 3, 4, 5, 6, 7, ...\}$$

$$M = \{2, 4, 6, 8, 10, 12, 14, ...\}$$

집합 N과 집합 M 사이의 크기 관계는 어떻게 되는가? 집합 M은 집합 N의 진부분집합이다. 그러니 언뜻 생각하면, 집합 N은 집합 M보다 두 배 더 큰 집합인 것 같다. (칸토어 이전 시대의 수학자들은 다들 이렇게 생각했다.) 그러나 사실은 그렇지 않다. 이 두 집합의 원소들을 다음과 같이 대응시켜 보자.

$$\begin{array}{rccccccccl} N = \{ & 1, & 2, & 3, & 4, & 5, & 6, & 7, & ...\} \\ & \updownarrow & \updownarrow & \updownarrow & \updownarrow & \updownarrow & \updownarrow & \updownarrow & \\ M = \{ & 2, & 4, & 6, & 8, & 10, & 12, & 14, & ...\} \end{array}$$

그러면 이 두 집합은 크기가 같음을 알 수 있다.

즉 집합 N에서 집합 M으로 가는 함수 f를 $f(n)=2n$이라 정의하자. 그러면 함수 f는 집합 N에서 집합 M으로 가는 전단사함수(one-to-one onto function)이다. (그리고 함수 f의 역함수는 집합 M에서 집합 N으로 가는 전단사함수이다.) 바꿔 말하면, 집합 N과 집합 M은 서로 크기가 같다! 비슷한 방법으로, 정수의 집합 Z는 자연수의 집합 N과 그 크기가 같음을 보일 수 있다.

이제 칸토어는 자연수의 집합과 유리수의 집합을 비교해 보았다. 언뜻 생각하면, 유리수의 집합은 자연수의 집합보다 훨씬 더 큰 집합인 것 같다. 실직선에서 보면, 자연수는 듬성듬성 떨어져 있지만, 유리수는 촘촘하고 빼곡하게 실직선에 놓여 있기 때문이다.

그러나 이런 개념은 순진한 생각에 불과했다. 다음의 순서로 유리수들을 배열하면, 모든 유리수들을 차례차례 배열하는 것이 가능하며, 따라서 자연수의 집합 N에서 유리수의 집합 Q로 가는 전단사함수가 존재한다. 그러므로 자연수의 집합 N과 유리수의 집합 Q는 그 크기가 같다!

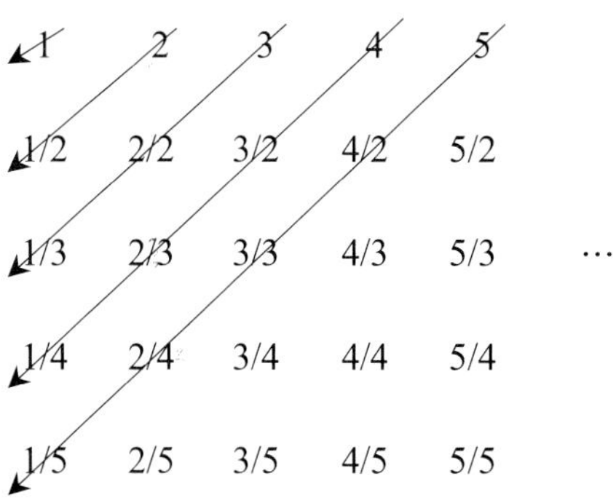

…

0, 1, -1, 2, -2, 1/2, -1/2, 3, -3, 1/3, -1/3, 4, -4, 3/2, -3/2, …

그러니 어떤 호텔을 경영할 때, 그 호텔의 방의 개수가 유한한 경우와 무한한 경우는 그 운영 방법이 완전히 달라질 것이다. 여기에 어떤 호텔이 있어서, 방의 개수가 m 개라고 하자. 이러면 이 호텔은 손님을 m 명까지 받을 수 있다. 만약 손님이 n 명이 왔는데, $n > m$ 이라면, (비둘기집 원리에 따라서) 두 명 이상의 손님이 한 방에 혼숙하는 수밖에 없다.

그러나 만약 어떤 호텔의 방의 개수가 자연수의 개수와 같다면, 즉 이 호텔의 방들과 자연수의 집합 사이에 전단사함수가 존재한다면, 이 호텔은 훨씬 더 융통성 있게 운영할 수 있다. 이 호텔에 정수의 집합이 손님으로 왔다고 하자. 그래도 전혀 문제가 없다. 모든 손님에게 각각 한 개의 방을 배정해 줄 수 있다. 유리수의 집합이 손님으로 찾아와도 전혀 문제가 없이 방을 배정해 줄 수 있다.

칸토어의 결과에 수학계는 큰 충격을 받았다. 듬성듬성한 자연수의 집합과 촘촘한 유리수의 집합이 그 크기가 같으리라고는 전혀 예상치 못하였기 때문이다. 이제 칸토어는 실수의 집합을 따져볼 차례였다. 과연 실수의 집합도 자연수의 집합과 그 크기가 같을까? 아니면 훨씬 더 큰 집합일까?

칸토어는 어떤 집합이 주어지든, 그 집합보다 더 큰 집합을 만들어야 할 필요를 느꼈다. 사실, 아주 간단한 방법이 있었다. 즉 어떤 집합 A가 주어졌을 때, A의 모든 부분집합들의 집합을 S라 하자. 그러면 집합 S는 집합 A보다 더 큰 집합이다. 이 사실은 다음과 같이 증명할 수 있다. (이 증명 방법은 집합 A가 유한집합이든, 무한집합이든 상관없이 적용된다.)

집합 A에서 집합 S로 가는 전단사함수 f가 존재한다고 가정해 보자. 그러면 그 역함수 f^{-1}는 당연히 집합 S에서 집합 A로 가는 전단사함수이다. 이제 집합 S에서 다음과 같은 원소를 정의하자.

$$s = \{a \mid a \not\in f(a)\}$$

그러면 s는 집합 S의 원소이다. 바꿔 말하면, s는 A의 부분집합이다.

이제 $b = f^{-1}(s)$라 하자. 그러면 b는 집합 A의 원소이다. 그런데 이 때 $b \in s$인가? 아니면 $b \not\in s$인가?

먼저 $b \in s$라고 가정해 보자. 그러면 s의 정의에 따라서

$$b \not\in f(b) = s$$

이다. 이것은 $b \in s$라는 가정에 어긋난다. 모순이다.

그 다음, $b \not\in s$라고 가정해 보자. 그러면 s의 정의에 따라서

$$b \in f(b) = s$$

이다. 이것은 $b \not\in s$라는 가정에 어긋난다. 모순이다.

그러므로 집합 A에서 집합 S로 가는 전단사함수는 존재하지

않는다. (존재할 수 없다.) 증명이 끝났다.

이 증명 방법은 매우 간단하면서 효과적이다. 집합론을 공부할 때 꼭 알아야 하는 중요한 기법이다.

이 방법을 사용하여서, 칸토어는 얼마든지 더 큰 집합들을 만들 수 있게 되었다. 어떤 집합이 주어지든, 그 집합의 부분집합들의 집합을 생각하면, 기존의 집합보다 더 큰 집합이 된다. 그 다음에, 그 부분집합들의 집합에 대해서 이 과정을 또 적용하면, 한 단계 더 큰 집합이 또 생겨난다. 이 과정은 얼마든지 계속 되풀이할 수 있으니, 마치 계단을 올라가는 것처럼, 기존의 집합보다 점점 더 큰 집합을 만들 수 있다.

이제 칸토어는 실수의 크기를 공략하였다. 칸토어는 이른바 대각선 논법을 사용하여서, 실수는 유리수들보다 더 큼을 보일 수 있었다! 뿐만 아니라, 실수의 집합은 유리수의 부분집합들의 집합과 그 크기가 같음을 보일 수 있었다.

칸토어의 이러한 업적은 수학자들 사이에서 격렬한 논란을 불러 일으켰다. 무한이란 신의 영역으로 여겨졌는데, 칸토어는 무한을 정복하기 시작한 것이다. 물론, 칸토어의 획기적인 연구 결과에 경탄하며 지켜보는 수학자들도 있었다. 그러나 칸토어가 초한수(transfinite number)를 도입하자, 그 논란은 파국으로 치달았다.

상당수의 수학자들은 칸토어가 신의 영역을 침범하였다면서, 그를 가리켜 무신론자라고 비난하였다. 칸토어 본인은 독실한 루터

교 신자로서, 자신의 아이디어들은 하느님으로부터 직접 전달받은 것이라고 변호하였다. 일부 수학자들은 칸토어가 그의 이상한 개념들을 후학들에게 가르치는 것은 젊은 수학자들을 타락시키는 일이라고 비난하였다.

스웨덴의 수학자 미타그레플러(Magnus Gustaf Mittag-Leffler, 1846 ~ 1927)는 칸토어의 논문 게재를 거부하면서, 그의 논문이 백 년 정도 시대를 너무 앞섰다고 평하였다. 칸토어는 "나더러 1984년까지 기다렸다가 논문을 제출하란 말인가? 나에게 너무 무리한 요구가 아닌가?"라며 격정을 토로하였다. 물론, 칸토어와 미타그레플러 사이의 관계는 그것으로 끝장나고 말았다.

철학자 비트겐슈타인(Ludwig Josef Johann Wittgenstein, 1889 ~ 1951)은 칸토어의 사후 수십 년 후에도 "수학이 점점 더 집합 이론의 사악한 관용구의 늪으로 빠지고 있다."면서 칸토어를 비난하였다.

동료 수학자들의 이러한 평가는 결국 칸토어의 삶을 불행하게 만들었다. 칸토어는 간절히 원하던 명문 베를린 대학에서의 교수직을 얻을 수 없었으며, 정신병에 시달려야 했다. 칸토어는 1918년에 자살로 생을 마감하였다.

물론, 모든 수학자들이 그를 나쁘게 평가한 것은 아니다. 저명한 수학자 힐베르트(David Hilbert, 1862 ~ 1943)는 "칸토어는 우리들에게 이 낙원을 건설해 주었다."면서, 수학의 토대를 굳건하게 다져 준 칸토어의 업적을 극찬하였다.

오늘날에도 집합론은 여러 가지 모순과 역설을 극복하지 못 하고 있다. 대표적인 역설은 다음과 같다. "모든 집합들의 집합을 생각하자. 이 집합은 자신의 모든 부분집합들의 집합과 그 크기가 같은가?" 수학이 한 단계 더 도약하려면, 또 다른 칸토어의 출현이 필요한 것 같다. 그 때 기존의 수학자들은 과연 그를 배격하지 않고 받아들여 줄 수 있을까?

부 록

부 록

(1) 구의 부피

구의 부피는 아르키메데스가 최초로 구하였다. 아르키메데스는 소진법(Method of exhaustion) 및 현대수학의 이른바 ϵ, δ 논법과 사실상 동일한 기법을 개발하여 사용하였기 때문에, 구의 부피 공식을 엄밀하게 구할 수 있었다. 아르키메데스는 여러 가지 방법으로 구의 부피를 구하였다.

아르키메데스는 먼저 각뿔의 부피가 그에 대응하는 (즉 그것과 밑면이 같고 높이가 같은) 각기둥의 부피의 3분의 1이고, 원뿔의 부피가 그에 대응하는 (즉 그것과 밑면이 같고 높이가 같은) 원기

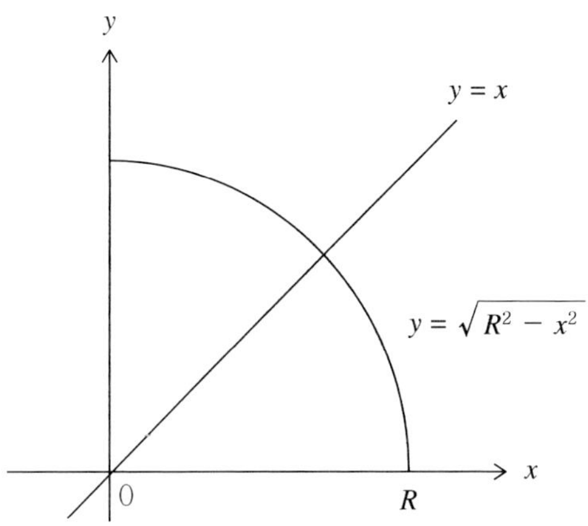

그림 1

둥의 부피의 3분의 1임을 증명하였다. 이 사실은 아르키메데스 이전 세대의 수학자들도 알고 있었지만, 엄밀하게 증명하기는 어려웠다. 아르키메데스는 소진법 및 ϵ, δ 논법과 사실상 동일한 기법을 능숙하게 구사하였으니, 이 사실을 엄밀하게 증명할 수 있었다.

이제 x축의 구간 $[0, R]$에서, 직선 $y = x$와 곡선 $y = \sqrt{R^2 - x^2}$을 생각하자. 직선 $y = x$를 x축에 대해서 회전시키면 원뿔이 생기며, 곡선 $y = \sqrt{R^2 - x^2}$를 x축에 대해서 회전시키면 반구가 생긴다.

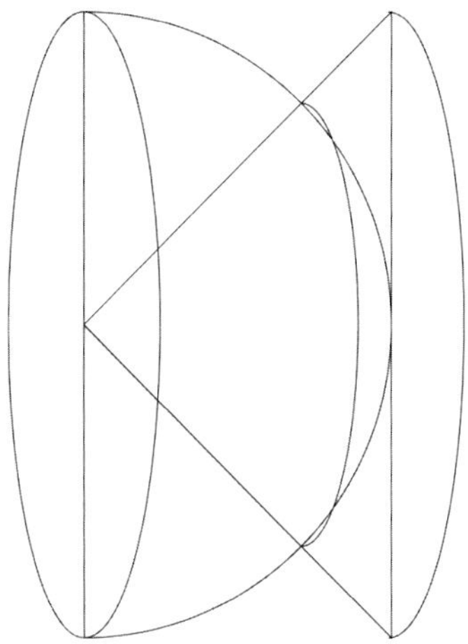

그림 2

이제 x축에 수직인 평면으로 이 원뿔 및 이 반구를 자른다고 하자. 이 때 이 원뿔의 단면적은 πx^2이며, 이 반구의 단면적은 $\pi(R^2 - x^2)$이다. 그러므로 이 두 단면적들을 더하면, πR^2이라는 일정한 값이 된다. 그러므로 구간 $[0, R]$에서 생기는 이 원뿔의 부피와 이 반구의 부피를 더하면 πR^3이 된다. (x축에 수직인 평면들을 촘촘하게 잡아서, 이 입체들을 잘라서 생기는 얇은 원판들을 더하여 부피를 구하는 방법을 쓰면 된다.)

그런데 이 원뿔의 부피는 $\frac{1}{3}\pi R^3$이다. 그러므로 이 반구의 부피는 $\frac{2}{3}\pi R^3$이다. 그러므로 반지름이 R인 구의 부피는 $\frac{4}{3}\pi R^3$이다. 물론, 아르키메데스는 x축이라든지 수식 $\sqrt{R^2-x^2}$을 사용하지 않았다. 그렇지만 피타고라스의 정리만을 사용하면 이 증명 과정을 적용할 수 있다.

아르키메데스가 구의 부피를 구한 또 다른 방법은 구의 겉넓이를 이용하는 것이다. 반지름 R인 구가 반지름 R인 원기둥에 내접하고 있다고 하자. 이 때 원기둥의 축에 수직인 두 평면들로 이들을 자른다고 하자. 그러면 원기둥은 잘려서 둥근 띠 모양의 곡면이 생기고, 구의 표면은 잘려서 비스듬하게 둥근 띠 모양의 곡면이

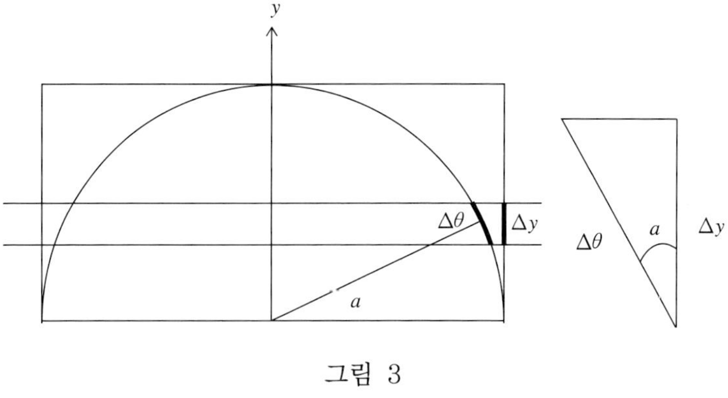

그림 3

생기는데, 이들 둘은 그 넓이가 항상 같다. 아르키메데스는 이 사실을 알아차렸다. 그러므로 구의 겉넓이는 그에 대응하는 원기둥의 옆면의 넓이와 같다. 즉 반지름 R인 구의 겉넓이는 $4\pi R^2$이다.

이 사실은 다음과 같이 증명할 수 있다. 원기둥이 수직으로 서 있고, y축이 원기둥의 축이라고 하자. y축에 수직인 두 평면들을 잡되, 이들의 간격이 매우 작다고 하자. 이 두 평면들 사이의 간격을 Δy라 하자. 그러면 이 때 원기둥의 옆면이 잘려서 생기는 곡면의 넓이는 $2\pi R \cdot \Delta y$이다.

이 때 구의 표면이 잘려서 생기는 비스듬하게 둥근 띠 모양의 곡면에 대해서, 그 폭을 $\Delta\theta$라 하자. 그러면 이 때 $\Delta y = \Delta\theta \cos a$가 성립한다. 이 곡면의 반지름은 $R\cos a$이다. 그러므로 이 곡면의 넓이는 $2\pi R\cos a \cdot \Delta\theta$이다. 그러므로 이 둘의 넓이가 일치한다.

간격이 매우 작을 때 이 둘의 넓이가 일치하니, 간격이 클 때에도 이 둘이 일치한다. 왜냐 하면, 간격이 클 경우 그 간격을 다시 촘촘하니 매우 작게 나눌 수 있으며, 그 각각의 작은 간격에서 그 두 곡면들이 넓이가 일치하니, 그것들을 다 더해도 일치하게 되기 때문이다. 그러므로 이것들을 다 더하면, 구의 겉넓이는 그에 대응하는 원기둥의 옆면의 넓이와 같음이 나온다. (아르키메데스는 구의 겉넓이를 다른 방법으로도 구했다.)

구면의 겉넓이에 대한 이 성질은 간단하면서도 요긴하게 쓰일 수 있다. 예를 들어, 지구에서 남위 30도와 북위 30도 사이 지역의 면적이 지구 전체 표면적의 꼭 절반임이 간단하게 나온다. 또는 예를 들어, 지구에서 극지방의 면적은 지구 전체 표면적의 몇 %인지

구해 보자. 극지방이란 위도 66.5도 이상인 지역을 말한다. 그런데

$$\sin 66.5° = 0.917$$

이다. 그러니

$$1 - 0.917 = 0.083$$

이고, 극지방의 면적은 지구 전체 표면적의 8.3%임이 나온다.

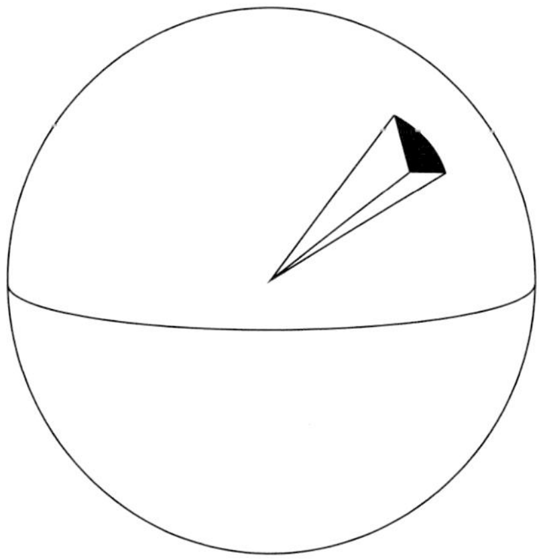

그림 4

이제 구의 겉넓이를 이용하여 구의 부피를 구할 수 있다. 구의 겉면을 여러 개의 도형들을 잡아 쪼개고, 그 도형들 각각을 밑면으로 하고 구의 중심을 꼭짓점으로 하는 뿔을 잡는다고 하자. 이 뿔들을 모두 다 더하면 전체 구가 된다. 이 각각의 뿔의 부피는 그 밑면의 넓이 곱하기 높이(즉 구의 반지름) 나누기 3이다. 그러므로 이것들을 다 더하면, 구의 부피는 그 겉넓이 곱하기 반지름 나누기 3임이 나온다.

아르키메데스는 구의 부피를 이 이외의 다른 방법으로도 구하였다.

(2) 모원과 부속원에 대한 코페르니쿠스의 해석

프톨레마이오스는 모원과 부속원을 사용하여 행성의 위치를 나타내었다. (지구는 모원의 중심에서 약간 떨어진 위치에 놓여 있지만, 좀더 쉽게 이해할 수 있도록, 여기서는 지구가 모원의 중심에 놓여 있다고 가정하였다.)

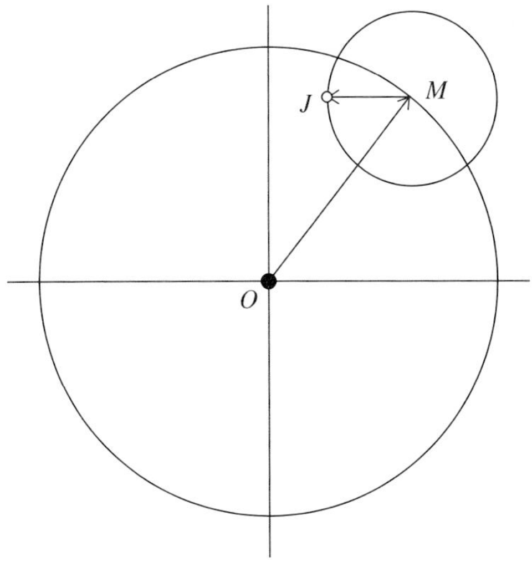

그림 1

프톨레마이오스의 이론은 다음과 같다. 어떤 위치 O에 지구가 놓여 있다고 하자. 점 O를 중심으로 모원을 그려라. 모원의 원주의 한 점 M을 잡아라. 점 M을 중심으로 부속원을 그려라. 부속원의 원주의 한 점 J를 잡아라. 이 때 점 J가 바로 행성이 놓여 있는 위치이다. 지구에서 보았을 때, 이 행성의 위치는 두 벡터의 합

$$\overrightarrow{OM} + \overrightarrow{MJ}$$

로 나타낼 수 있다.

이 때 모원은 반시계 방향으로, 행성의 주기에 따라서 회전한다. 즉 점 M은 점 O를 중심으로 하여 반시계 방향으로 회전하며, 그 주기가 바로 행성의 공전 주기이다. 부속원은 반시계 방향으로, 시구의 주기에 따라서 회전한다. 즉 점 J는 점 M을 중심으로 하여 반시계 방향으로 회전하며, 그 주기는 1년이다.

코페르니쿠스는 이것을 다음과 같이 해석하였다. 어떤 위치 S에 태양이 놓여 있다고 하자. 태양 S를 중심으로 하여 부속원과 같은 크기의 원을 그려라. 이 원이 바로 지구의 공전 궤도이다. 이 원의 원주의 한 점 E를 잡아라. 점 E는 지구를 나타낸다.

태양 S를 중심으로 하여 모원과 같은 크기의 원을 그려라. 이 원이 바로 행성의 공전 궤도이다. 이 원의 원주의 한 점 P를 잡아라. 점 P는 행성을 나타낸다. 지구에서 보았을 때, 이 행성의 위치는 두 벡터의 합

$$\overrightarrow{ES} + \overrightarrow{SP}$$

로 나타낼 수 있다.

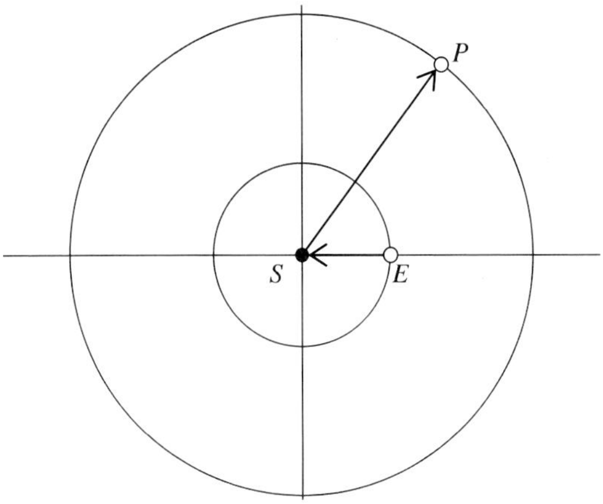

그림 2

이 때 행성 P는 반시계 방향으로, 행성의 주기에 따라서 회전한다. 지구 E는 반시계 방향으로 회전하며, 그 주기는 1년이다. 프톨레마이오스의 이론과 코페르니쿠스의 이론을 비교해 보면, 벡터들 사이에 다음 관계가 성립한다.

$$\overrightarrow{OM} = \overrightarrow{SP}, \ \overrightarrow{MJ} = \overrightarrow{ES}$$

사실, 프톨레마이오스는 정확한 데이터를 갖고 있었지만, 그 데이터를 거꾸로 해석하였던 것이다. 반면에 코페르니쿠스는 정확한 데이터를 갖고 있었고, 그것을 올바르게 해석하였다.

(3) 삼차방정식 및 사차방정식의 풀이법

삼차방정식의 풀이법은 다음과 같다. 우리는 x^3의 계수로 항들을 나눌 수 있으니, x^3의 계수가 1이라고 가정해도 된다. 그러면 삼차방정식의 모양은 다음과 같다.

$$x^3 + ax^2 + bx + c = 0$$

여기서 $x = y - \frac{a}{3}$라 놓자. 그러면

$$(y - \frac{a}{3})^3 + a(y - \frac{a}{3})^2 + b(y - \frac{a}{3}) + c = 0$$

항들을 펼친 다음에 정리하면 이차항이 사라지고,

$$y^3 + (b - \frac{a^2}{3})y + \frac{2}{27}a^3 - \frac{ab}{3} + c = 0$$

그러므로

$$y^3 + py + q = 0$$

꼴의 방정식만 풀 줄 알면 된다. $y = u + v$라 놓자. 그러면 위의 방정식은

$$u^3 + v^3 + q + (3uv + p)(u + v) = 0$$

이 된다. 따라서 u, v가

$$u^3 + v^3 = -q,\ uv = -\frac{p}{3}$$

를 만족하면 이 방정식이 성립한다. 즉

$$u^3 + v^3 = -q,\ u^3v^3 = -\frac{p^3}{27}$$

을 만족하면 된다.

그러니 u^3과 v^3은 이차방정식

$$X^2+qX-\frac{p^3}{27}=0$$

의 근이 된다. 이것을 풀면,

$$u^3=\frac{-q+\sqrt{q^2+\frac{4}{27}p^3}}{2},\quad v^3=\frac{-q-\sqrt{q^2+\frac{4}{27}p^3}}{2}$$

세제곱근을 잡으면 u, v가 나온다.

$w^3=1$을 만족하는 복소수 w를 잡아라. 바꿔 말하면,

$$w=-\frac{1}{2}+\frac{\sqrt{3}}{2}i$$

그러면 방정식

$$y^3+py+q=0$$

의 세 근 $u+v$는 다음과 같다.

$$\sqrt[3]{\frac{-q+\sqrt{q^2+\frac{4}{27}p^3}}{2}}+\sqrt[3]{\frac{-q-\sqrt{q^2+\frac{4}{27}p^3}}{2}},$$

$$\sqrt[3]{\frac{-q+\sqrt{q^2+\frac{4}{27}p^3}}{2}}\,w+\sqrt[3]{\frac{-q-\sqrt{q^2+\frac{4}{27}p^3}}{2}}\,w^2,$$

$$\sqrt[3]{\frac{-q+\sqrt{q^2+\frac{4}{27}p^3}}{2}}\,w^2+\sqrt[3]{\frac{-q-\sqrt{q^2+\frac{4}{27}p^3}}{2}}\,w$$

이것을 자세히 보면, 세제곱근을 잡을 때

$$uv=-\frac{p}{3}$$

를 만족하도록 잡은 것임을 알 수 있다. 우리는 이 풀이법을 페로·타르탈리아·카르다노의 공식이라 부르도록 하자.

사차방정식의 풀이법은 카르다노의 제자인 페라리가 발견하였으며, 다음과 같다. 우선 x^4의 계수가 1이라고 가정해도 된다. 그리고 삼차방정식의 경우와 마찬가지 방법으로, 바로 아래 차수의 항을 없앨 수 있다. 그러므로

$$x^4 + ax^2 + bx + c = 0$$

형태의 방정식만 풀 수 있으면 된다.

$bx + c$를 오른쪽으로 넘기고, 양변에 $ax^2 + a^2$을 더해라. 그러면

$$(x^2 + a)^2 = ax^2 - bx + a^2 - c$$

양변에 $2y(x^2 + a) + y^2$을 더해라. 그러면

$$(x^2 + a + y)^2 = (a + 2y)x^2 - bx + y^2 + 2ay + a^2 - c$$

여기서 오른쪽이 완전제곱이 되도록 만들고 싶다. 그러니 판별식을 0이라고 놓아라. 즉

$$b^2 - 4(a + 2y)(y^2 + 2ay + a^2 - c) = 0$$

그러니 다음 방정식을 얻는다.

$$8y^3 + 20ay^2 + 8(2a^2 - c)y + 4a^3 - 4ac - b^2 = 0$$

이것은 삼차방정식이니 풀 수 있다. 그래서 한 해답 y를 구하면,

$$(x^2+a+y)^2=(a+2y)\left(x-\frac{b}{2(a+2y)}\right)^2$$

이제 제곱근을 잡으면,

$$x^2+a+y=\pm\sqrt{a+2y}\left(x-\frac{b}{2(a+2y)}\right)$$

이렇게 두 개의 이차방정식이 나온다. 이 방정식들을 풀면, 네 개의 근을 얻게 된다.

(4) 미적분학의 기본정리

미적분학의 기본정리(The Fundamental Theorem of Calculus)는 미분과 적분이 서로 역과정이라는 정리이다. 미분이란 함수의 그래프의 기울기를 구하는 계산 과정이며, 적분이란 함수의 그래프가 만드는 도형의 넓이를 구하는 계산 과정이다. 언뜻 생각하면, 이 둘은 서로 직접적인 연관성이 없는 것 같다. 그런데 사실 이것들은 서로 역과정이며, 미적분학의 기본정리를 사용하면, 많은 곡선 도형들의 넓이(또는 부피)를 매우 쉽게 구할 수 있다.

뉴턴 직전의 수학자들이 미분과 적분 사이의 관계에 대하여 어렴풋이 관련성을 감지하였지만, 그 둘이 서로 역과정임을 분명하게 밝힌 수학자는 뉴턴과 라이프니츠가 처음이었다. 그 때문에 뉴턴과 라이프니츠를 미분적분학을 최초로 개발한 수학자로 인정하는 것이다.

뉴턴이 미적분학의 기본정리를 발견하게 된 것은 우연이었다. 그는 법선, 법선영, 축폐선(evolute) 등을 연구하다가, 미분과 적분 사이의 역관계를 발견하였다. 뉴턴의 설명을 좀더 알기 쉽고 간단하게 바꾸어서, 현대식 기호들을 사용하여서, 핵심 개념을 설명하면 다음과 같다.

우리는 $0 \leq x$ 인 구간에서 생각하겠다. 함수 $f(x)$, $g(x)$가 이 구간에서 연속이라고 하자. 그리고 $0 < x$ 인 구간에서 함수 $g(x)$가 미분 가능하고

$$0 \leq g'(x) = f(x)$$

라고 하자.

그래프 $y = g(x)$, 그래프 $y = -f(x)$를 그려라. x축에서 변수 x가 매우 작게 변화한다고 하자. 우리는 변수 x의 변화량을 Δx로 나타내겠다. 이 구간에서 그래프 $y = -f(x)$와 x축이 만드는 도형의 넓이를 구하고 싶다. 이 도형을 사각형 $HIJL$로 나타내자.

(엄밀하게 말하면, 이 도형은 사각형이 아니다. 그렇지만 우리는 Δx가 한없이 작아진다고 생각할 테니, 이 도형이 사각형이라고 생각해도 상관이 없다. 심지어 이 도형이 직사각형이라고 생각해도 상관이 없다. Δx가 한없이 작아질 때, 그 오차는 $k(\Delta x)^2$ 이하가 된다. 여기서 k는 어떤 상수이다.)

사각형 $HIJL$의 넓이는 $f(x) \cdot \Delta x$라고 생각할 수 있다.

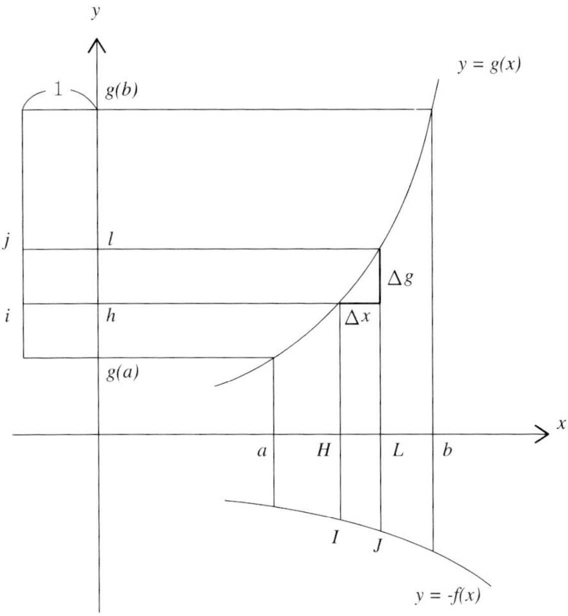

그림 1

이 사각형에 대응하여서, 직사각형 $hijl$을 그림처럼 y축의 옆에 만들어라. 직사각형 $hijl$은 밑변의 길이가 1이고, 그 높이는 Δg이다. 그러므로 직사각형 $hijl$의 넓이는 Δg이다. 그런데 이 때

$$\frac{\Delta g}{\Delta x} = g'(x) = f(x)$$

이다. 그러므로 $\Delta g = f(x) \cdot \Delta x$이다. 그러므로 사각형 $HIJL$과 직사각형 $hijl$은 넓이가 같다. (이들이 실제로 넓이가 완전히 일치하지는 않는다. 이들의 넓이는 약간의 오차가 있는데, 그 오차는 $k(\Delta x)^2$ 이하가 된다.)

이제 Δx가 한없이 작아진다고 하자. 주어진 구간 $[a,b]$를 이렇게 한없이 잘게 쪼갠다고 하자. 그런 다음에 그 때 생겨나는 사각형들의 넓이들을 모두 더한다고 하자. 그러면 구간 $[a,b]$에서 그래프 $y=-f(x)$와 x축이 만드는 도형의 넓이는 다음과 같다.

$$\int_a^b 0-(-f(x))\,dx = \int_a^b f(x)\,dx$$

그에 대응하여 y축 옆에 생기는 직사각형의 넓이는 다음과 같다. (밑변의 길이가 1이니, 그 높이가 바로 넓이이다.)

$$g(b)-y(u)$$

이 둘이 서로 일치한다. 즉

$$g(b)-g(a) = \int_a^b f(x)\,dx$$

이것이 바로 미적분학의 기본정리이다.

(주어진 구간 $[a,b]$를 이렇게 잘게 쪼개면, 그 때 생기는 매우 가는 사각형들의 개수는 약 $\dfrac{[a,b]}{\Delta x}$개다. 이 때 사각형 한 개에서 생기는 오차는 $k(\Delta x)^2$ 이하이다. 그러므로 전체 모든 오차들의 합은

$$\frac{[a,b]}{\Delta x}\cdot k(\Delta x)^2 = k\cdot[a,b]\cdot\Delta x$$

이하이다. 그러므로 Δx가 한없이 작아질 때, 전체 모든 오차들의 합은 0으로 수렴한다.)

(5) 사인, 코사인 함수의 미분

사인, 코사인 함수를 미분하는 '기존의 방법'은 삼각함수의 여러 가지 공식들을 사용하여 합, 차를 곱으로 바꾸거나 또는 전개한 이후 차를 계산해 극한을 구하는 방식으로 미분을 구한다. 이런 기존의 방법은 삼각함수의 많은 공식들을 암기할 것을 요구하기 때문에, 학생들이 사인, 코사인 함수의 미분을 공부하는 것을 어렵게 만든다.

반면에 지금 여기에서 소개할 사인, 코사인 함수의 '새로운 미분 방법'은 이러한 공식들을 전혀 사용하지 않으며, 미분의 정의와 기본적인 삼각비를 사용하여 미분을 구한다. 그러므로 학생들의 공부 부담이 크게 줄어든다. 그리고 이 새로운 미분 방법은 기존의 방법과 비교해서 훨씬 더 직관적이고 단순하기 때문에 이해하기가 쉽다. 그리고 이 방법은 '기존의 방법'과 동등한 수준으로 수학적으로 엄밀하기 때문에, 기존의 방법을 대치하는 대안이 될 수 있다.

여기에 등장하는 그림의 모든 곡선들은 단위원의 호이다. 우리는 다음 극한값을 출발점으로 삼겠다.

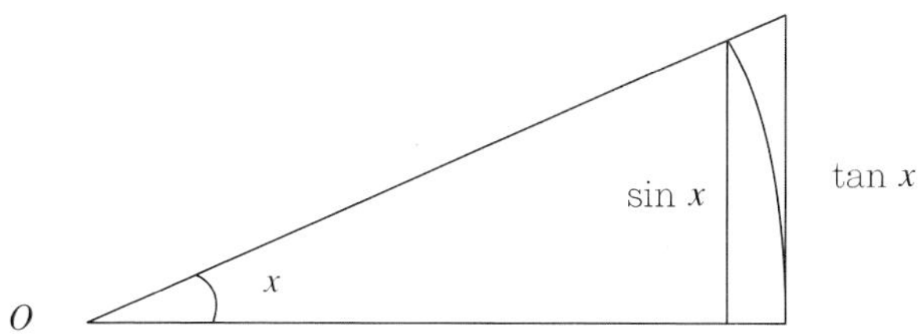

그림 1

① $\lim_{x \to 0} \frac{\sin x}{x} = 1$

미적분학 교과서들은 압축정리(the squeeze theorem)와 그림 1, 그리고 $0 < x < \frac{\pi}{2}$ 일 때 성립하는 다음 부등식 $\sin x \le x \le \tan x$ 를 사용하여 ①을 증명한다. 거의 모든 미적분학 교과서에 이 증명이 나오기 때문에, 여기에서는 이것을 따로 증명하지 않을 것이며, 그냥 받아들이고 사용하겠다.

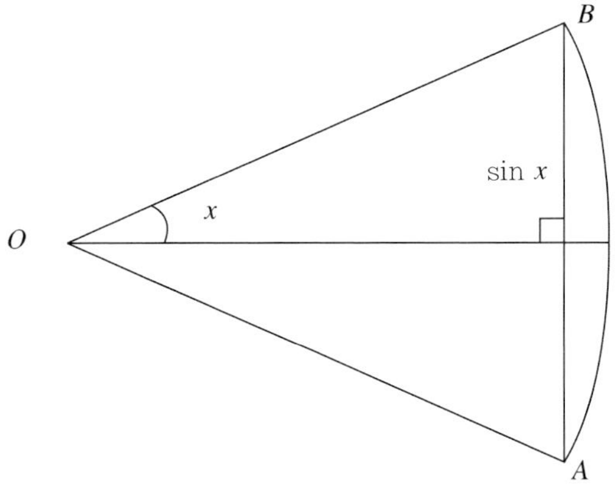

그림 2

변수 x가 양수로서 $0 < x < \frac{\pi}{2}$ 를 만족한다고 하자. 두 점 A, B는 단위원에 놓여 있는 점들로서, 그림 2와 같다고 하자. 그러면

$$\widehat{AB} = 2x, \quad \overline{AB} = 2\sin x$$

가 성립한다. 그러므로

② $\lim_{x \to 0^+} \frac{\overline{AB}}{\widehat{AB}} = \lim_{x \to 0^+} \frac{2\sin x}{2x} = \lim_{x \to 0^+} \frac{\sin x}{x} = 1$

그림 2에서 두 점 A, B의 위치가 서로 바뀌어도 ②는 여전히 성립한다.

이제 변수 x가 음수로서 $-\frac{\pi}{2} < x < 0$을 만족한다고 하자. 두 점 A, B가 단위원에 놓여 있는 점들로서, $\widehat{AB} = -2x$를 만족한다고 하자. 그러면 $\overline{AB} = -2\sin x$가 성립한다. 그러므로

③ $\lim_{x \to 0^-} \frac{\overline{AB}}{\widehat{AB}} = \lim_{x \to 0^-} \frac{-2\sin x}{-2x} = \lim_{x \to 0^-} \frac{\sin x}{x} = 1$

(이 경우의 그림은 그림 2와 거의 같다. 그러니 이 경우의 그림은 따로 그려 놓지 않고 생략하겠다.)

②, ③으로부터, 단위원에서 어떤 호와 그에 대응하는 현 사이의 길이의 비율은, 그 길이가 한없이 작아질 때, 그 극한값이 1이 됨을 알 수 있다.

우리는 먼저 제1사분면에서 사인 함수의 미분을 구하겠다. 그러니 $0 < a < \frac{\pi}{2}$인 경우를 생각하자. 우리는 이 때 $\sin'(a)$를 구하고 싶다. a에 대응하는 단위원의 점을 A라 하자. 그러면 점 A는 제1사분면에 놓여 있다. $\sin'(a)$를 구하기 위해서, 우리는 다음을 계산해야 한다.

$$\frac{\sin(a+h) - \sin a}{h}$$

먼저 h가 양수이고 $h < \frac{\pi}{2} - a$라고 가정하자. $a+h$에 대응하는 단위원의 점을 B라 하자. 그러면 $\widehat{AB} = h$이고, 점 B는 제1사분면에 놓여 있다.

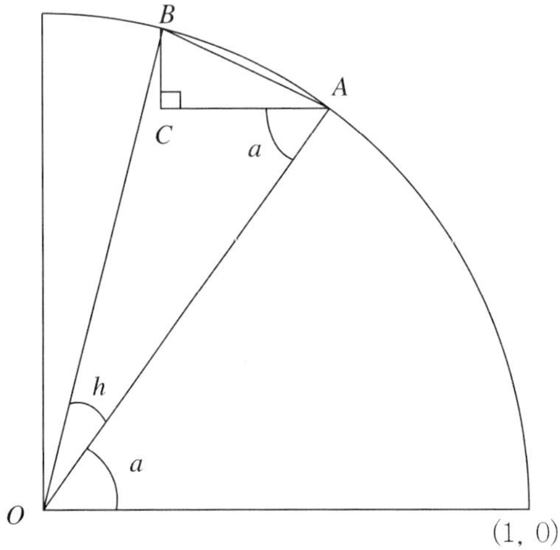

그림 3

그림 3과 같이 직각삼각형 ABC를 그려라. 그러면 $\triangle OAB$는 이등변삼각형이고, $\angle AOB = h$이다. 이 삼각형의 세 내각의 합은 $\angle OAB + \angle OBA + h = \pi$이다. 그러므로

$$\angle OAB = \angle OBA = \frac{\pi}{2} - \frac{h}{2}$$

그런데 $\angle CAO = a$이고 $\angle C = \frac{\pi}{2}$이니,

$$\angle BAC = \left(\frac{\pi}{2} - \frac{h}{2}\right) - a = \frac{\pi}{2} - a - \frac{h}{2},$$

$$\angle ABC = \frac{\pi}{2} - \left(\frac{\pi}{2} - a - \frac{h}{2}\right) = a + \frac{h}{2}$$

이제

$$\frac{\sin(a+h) - \sin a}{h} = \frac{\overline{CB}}{\widehat{AB}} = \frac{\overline{CB}}{\overline{AB}} \cdot \frac{\overline{AB}}{\widehat{AB}}$$

그런데 $\frac{\overline{CB}}{\overline{AB}} = \cos(\angle ABC) = \cos\left(a + \frac{h}{2}\right)$ 이다. 그러므로

④ $$\frac{\sin(a+h) - \sin a}{h} = \cos\left(a + \frac{h}{2}\right) \cdot \frac{\overline{AB}}{\widehat{AB}}$$

그러므로

⑤ $$\lim_{h \to 0^+} \frac{\sin(a+h) - \sin a}{h} = \lim_{h \to 0^+} \cos\left(a + \frac{h}{2}\right) \cdot \frac{\overline{AB}}{\widehat{AB}}$$

$$= \lim_{h \to 0^+} \cos\left(a + \frac{h}{2}\right) \cdot \lim_{h \to 0^+} \frac{\overline{AB}}{\widehat{AB}} = \cos(a)$$

$\left(\lim_{h \to 0^+} \frac{\overline{AB}}{\widehat{AB}} = 1 \quad \because ②\right)$

이제 h가 음수이고 $-h < a$라고 가정하자. $a+h$에 대응하는 단위원의 점을 B라 하자. 그러면 $\widehat{AB} = -h$이고, 점 B는 제1사분면에 놓여 있다.

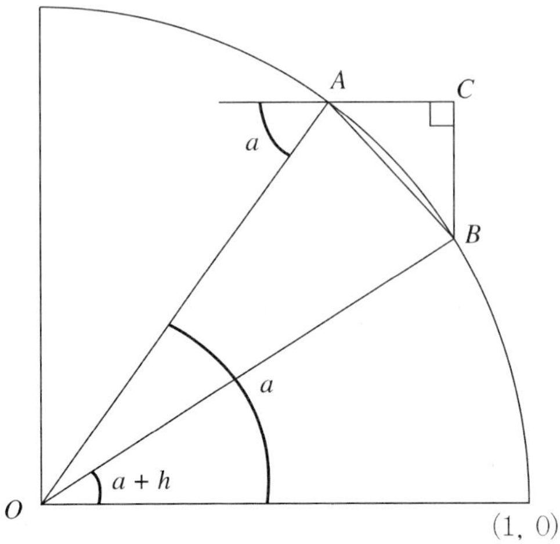

그림 4

그림 4와 같이 직각삼각형 ABC를 그려라. 그러면 각들은 다음과 같이 된다. (이 그림에서 $h<0$ 임을 기억하기 바란다.)

$$\angle OAB = \angle OBA = \frac{\pi}{2} + \frac{h}{2},$$

$$\angle BAC = \pi - a - \left(\frac{\pi}{2} + \frac{h}{2}\right) = \frac{\pi}{2} - a - \frac{h}{2},$$

$$\angle ABC = \frac{\pi}{2} - \left(\frac{\pi}{2} - a - \frac{h}{2}\right) = a + \frac{h}{2}$$

이제

$$\frac{\sin(a+h)-\sin a}{h} = \frac{-\overline{BC}}{h} = \frac{-\overline{BC}}{-\overset{\frown}{AB}} = \frac{\overline{BC}}{\overset{\frown}{AB}} = \frac{\overline{BC}}{\overline{AB}} \cdot \frac{\overline{AB}}{\overset{\frown}{AB}}$$

그런데 $\dfrac{\overline{BC}}{\overline{AB}} = \cos(\angle ABC) = \cos\left(a+\dfrac{h}{2}\right)$ 이다. 그러므로

⑥ $$\frac{\sin(a+h)-\sin a}{h} = \cos\left(a+\frac{h}{2}\right)\cdot\frac{\overline{AB}}{\widehat{AB}}$$

그러므로

⑦ $$\lim_{h\to 0^-}\frac{\sin(a+h)-\sin a}{h} = \lim_{h\to 0^-}\cos\left(a+\frac{h}{2}\right)\cdot\frac{\overline{AB}}{\widehat{AB}}$$

$$= \lim_{h\to 0^-}\cos\left(a+\frac{h}{2}\right)\cdot\lim_{h\to 0^-}\frac{\overline{AB}}{\widehat{AB}} = \cos(a)$$

$$\left(\lim_{h\to 0^-}\frac{\overline{AB}}{\widehat{AB}} = 1 \quad \because ③\right)$$

이제 ⑤와 ⑦에 의해서,

$$\sin'(a) = \lim_{h\to 0}\frac{\sin(a+h)-\sin a}{h} = \cos(a)$$

공식 ④는 $0<h$ 인 경우이고, 공식 ⑥은 $h<0$ 인 경우이다. 이 두 공식이 같은 형태이다. 그러니 ④와 ⑥을 구한 이후, 다음과 같이 $\sin'(a)$를 구할 수도 있다.

$$\sin'(a) = \lim_{h\to 0}\frac{\sin(a+h)-\sin a}{h} = \lim_{h\to 0}\cos\left(a+\frac{h}{2}\right)\cdot\frac{\overline{AB}}{\widehat{AB}}$$

$$= \lim_{h\to 0}\cos\left(a+\frac{h}{2}\right)\cdot\lim_{h\to 0}\frac{\overline{AB}}{\widehat{AB}} = \cos(a)$$

이제 제1사분면에서의 코사인 함수의 미분 $\cos'(a)$를 구해 보겠다. 그러니 $0<a<\frac{\pi}{2}$ 인 경우를 생각하자. a에 대응하는 단위원

의 점을 A라 하자. 그러면 점 A는 제1사분면에 놓여 있다. $\cos'(a)$를 구하기 위해서, 우리는 다음을 계산해야 한다.

$$\frac{\cos(a+h)-\cos a}{h}$$

먼저 h가 양수이고 $h<\frac{\pi}{2}-a$라고 가정하자. $a+h$에 대응하는 단위원의 점을 B라 하자. 그러면 $\widehat{AB}=h$이고, 점 B는 제1사분면에 놓여 있다. 앞에서와 같이 직각삼각형 ABC를 그려라. 우리는 그림 3을 이용하겠다.

이제

$$\frac{\cos(a+h)-\cos a}{h} = \frac{-\overline{CA}}{\widehat{AB}} = -\frac{\overline{CA}}{\overline{AB}}\cdot\frac{\overline{AB}}{\widehat{AB}}$$

그런데 $\frac{\overline{CA}}{\overline{AB}} = \sin(\angle ABC) = \sin(a+\frac{h}{2})$이다.

그러므로

$$⑧\quad \frac{\cos(a+h)-\cos a}{h} = -\sin(a+\frac{h}{2})\cdot\frac{\overline{AB}}{\widehat{AB}}$$

그러므로

$$⑨\quad \lim_{h\to 0^+}\frac{\cos(a+h)-\cos a}{h} = \lim_{h\to 0^+}-\sin(a+\frac{h}{2})\cdot\frac{\overline{AB}}{\widehat{AB}}$$

$$= \lim_{h\to 0^+}-\sin(a+\frac{h}{2})\cdot\lim_{h\to 0^+}\frac{\overline{AB}}{\widehat{AB}} = -\sin(a)$$

$$(\lim_{h \to 0^+} \frac{\overline{AB}}{\widehat{AB}} = 1 \quad \because ②)$$

이제 h가 음수이고 $-h < a$라고 가정하자. $a+h$에 대응하는 단위원의 점을 B라 하자. 그러면 $\widehat{AB} = -h$이고, 점 B는 제1사분면에 놓여 있다. 우리는 그림 4를 이용하겠다. (그림 4에서 $h < 0$임을 기억하기 바란다.) 이제

$$\frac{\cos(a+h) - \cos a}{h} = \frac{\overline{CA}}{-\widehat{AB}} = -\frac{\overline{CA}}{\overline{AB}} \cdot \frac{\overline{AB}}{\widehat{AB}}$$

그런데 $\frac{\overline{CA}}{\overline{AB}} = \sin(\angle ABC) = \sin(a + \frac{h}{2})$이다.

그러므로

$$⑩ \quad \frac{\cos(a+h) - \cos a}{h} = -\sin(a + \frac{h}{2}) \cdot \frac{\overline{AB}}{\widehat{AB}}$$

그러므로

$$⑪ \quad \lim_{h \to 0^-} \frac{\cos(a+h) - \cos a}{h} = \lim_{h \to 0^-} -\sin(a + \frac{h}{2}) \cdot \frac{\overline{AB}}{\widehat{AB}}$$

$$= \lim_{h \to 0^-} -\sin(a + \frac{h}{2}) \cdot \lim_{h \to 0^-} \frac{\overline{AB}}{\widehat{AB}} = -\sin(a)$$

$$(\lim_{h \to 0^-} \frac{\overline{AB}}{\widehat{AB}} = 1 \quad \because ③)$$

이제 ⑨와 ⑪에 의해서,

$$\cos'(a) = \lim_{h \to 0} \frac{\cos(a+h) - \cos a}{h} = -\sin(a)$$

공식 ⑧은 $0 < h$인 경우이고, 공식 ⑩은 $h < 0$인 경우이다. 이 두 공식이 같은 형태이다. 그러니 ⑧과 ⑩을 구한 이후, 다음과 같이 $\cos'(a)$를 구할 수도 있다.

$$\cos'(a) = \lim_{h \to 0} \frac{\cos(a+h) - \cos a}{h} = \lim_{h \to 0} -\sin(a+\frac{h}{2}) \cdot \frac{\overline{AB}}{\overset{\frown}{AB}}$$

$$= \lim_{h \to 0} -\sin(a+\frac{h}{2}) \cdot \lim_{h \to 0} \frac{\overline{AB}}{\overset{\frown}{AB}} = \sin(a)$$

언뜻 보면, 이 '새로운 미분 방법'이 길고 복잡한 것 같다. 그러나 사실은 그렇지 않다. 그림 5를 보도록 하자. 점 A에서의 접선을 그어서 생각해 보자.

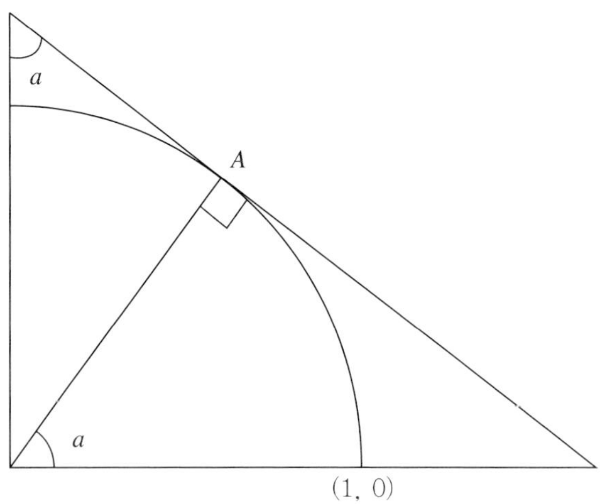

그림 5

그러면 그림 3, 그림 4에서 $\angle ABC$의 극한값이 a임이 매우 명백하게 나온다. 그러니 사실은 각을 구하기 위해서 길게 계산을 할 필요가 없으며, 중간 계산 과정에서 굳이 $\angle ABC = a + \frac{h}{2}$라고 명시할 필요도 없다. 사인 함수 미분의 경우, 다음과 같이 구하면 된다.

$$\lim_{h\to 0^+}\frac{\sin(a+h)-\sin a}{h} = \lim_{h\to 0^+}\frac{\overline{CB}}{\overset{\frown}{AB}} = \lim_{h\to 0^+}\frac{\overline{CB}}{\overline{AB}}\cdot\frac{\overline{AB}}{\overset{\frown}{AB}}$$

$$= \lim_{h\to 0^+}\cos(\angle ABC) = \cos a$$

$$\lim_{h\to 0^-}\frac{\sin(a+h)-\sin a}{h} = \lim_{h\to 0^-}\frac{-\overline{CB}}{-\overset{\frown}{AB}} = \lim_{h\to 0^-}\frac{\overline{CB}}{\overline{AB}}\cdot\frac{\overline{AB}}{\overset{\frown}{AB}}$$

$$= \lim_{h\to 0^-}\cos(\angle ABC) = \cos a$$

$$\therefore \sin'(a) = \lim_{h\to 0}\frac{\sin(a+h)-\sin a}{h} = \cos a$$

코사인 함수 미분은 다음과 같이 구하면 된다.

$$\lim_{h\to 0^+}\frac{\cos(a+h)-\cos a}{h} = \lim_{h\to 0^+}\frac{-\overline{CA}}{\overset{\frown}{AB}} = \lim_{h\to 0^+} -\frac{\overline{CA}}{\overline{AB}}\cdot\frac{\overline{AB}}{\overset{\frown}{AB}}$$

$$= \lim_{h\to 0^+} -\sin(\angle ABC) = -\sin a$$

$$\lim_{h\to 0^-}\frac{\cos(a+h)-\cos a}{h} = \lim_{h\to 0^-}\frac{\overline{CA}}{-\overset{\frown}{AB}} = \lim_{h\to 0^-} -\frac{\overline{CA}}{\overline{AB}}\cdot\frac{\overline{AB}}{\overset{\frown}{AB}}$$

$$= \lim_{h\to 0^-} -\sin(\angle ABC) = -\sin a$$

$$\therefore \cos'(a) = \lim_{h\to 0}\frac{\cos(a+h)-\cos a}{h} = -\sin a$$

이제 0에서의 사인, 코사인 함수의 미분을 생각해 보자. 사인 함수의 0에서의 미분은 미적분학 교과서들에서 구해 놓았다. 즉

$$\sin'(0) = \lim_{x \to 0} \frac{\sin x - \sin 0}{x - 0} = \lim_{x \to 0} \frac{\sin x}{x} = 1 = \cos 0$$

코사인 함수의 0에서의 미분은 다음과 같이 구할 수 있다. $\cos'(0)$을 구하기 위해서, 우리는 다음을 계산해야 한다.

$$\frac{\cos h - \cos 0}{h} = \frac{\cos h - 1}{h}$$

0에 대응하는 단위원의 점을 A라 하자. (즉 점 A는 좌표가 $(1, 0)$인 점이다.) 먼저 h가 양수이고 $h < \frac{\pi}{2}$라고 가정하자. h에 대응하는 단위원의 점을 B라 하자. 그러면 $\widehat{AB} = h$이고, 점 B는 제1사분면에 놓여 있다.

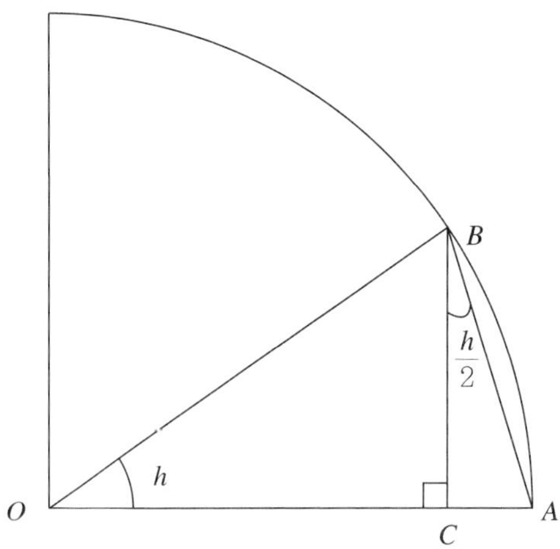

그림 6

그림 6과 같이 직각삼각형 ABC를 그려라. 그러면 $\triangle OAB$는 이등변삼각형이며, $\angle AOB = h$이다. 그런데 $\angle OAB + \angle OBA + h = \pi$이다. 그러므로

$$\angle OAB = \angle OBA = \frac{\pi}{2} - \frac{h}{2}$$

그런데 $\angle COB = h$, $\angle BCO = \frac{\pi}{2}$이니, $\angle OBC = \frac{\pi}{2} - h$이다.

그러므로

$$\angle ABC = \angle OBA - \angle OBC = \left(\frac{\pi}{2} - \frac{h}{2}\right) - \left(\frac{\pi}{2} - h\right) = \frac{h}{2}$$

그런데 $\cos h = \overline{OC}$, $\cos 0 = 1 = \overline{OA}$이니, 우리는 다음을 얻게 된다.

$$\frac{\cos h - \cos 0}{h} = \frac{\cos h - 1}{h} = \frac{\overline{OC} - \overline{OA}}{\widehat{AB}}$$

$$= \frac{-\overline{CA}}{\widehat{AB}} = -\frac{\overline{CA}}{\overline{AB}} \cdot \frac{\overline{AB}}{\widehat{AB}}$$

그런데 $\angle ABC = \frac{h}{2}$이니, $\frac{\overline{CA}}{\overline{AB}} = \sin(\angle ABC) = \sin\frac{h}{2}$이다.

그러므로

$$\lim_{h \to 0^+} \frac{\cos h - \cos 0}{h} = \lim_{h \to 0^+} -\sin\frac{h}{2} \cdot \frac{\overline{AB}}{\widehat{AB}} = 0$$

$$\left(\lim_{h \to 0^+} \frac{\overline{AB}}{\widehat{AB}} = 1 \quad \because ②\right)$$

이제 h가 음수인 경우를 생각하자. 이 경우의 그림은 그림 6을

y 축에 대해 대칭이동 시킨 것이 되며, 여기에 따로 그림을 그려놓지는 않겠다. h 가 양수인 경우와 마찬가지로 점들을 대응시키면,

$$\lim_{h \to 0^-} \frac{\cos h - \cos 0}{h} = \lim_{h \to 0^-} \sin(-\frac{h}{2}) \cdot \frac{\overline{AB}}{\widehat{AB}} = 0$$

$$(\lim_{h \to 0^+} \frac{\overline{AB}}{\widehat{AB}} = 1 \quad \because ③)$$

그러므로

$$\cos'(0) = 0 = -\sin 0$$

우리는 $[0, \frac{\pi}{2})$ 구간에서 사인, 코사인 함수의 미분을 '새로운 미분 방법'으로 구하였다. 변수가 다른 구간에 속하는 경우, 삼각함수의 적당한 공식을 써서 $[0, \frac{\pi}{2})$ 구간에서의 사인, 코사인 함수로 변환하여 미분을 구할 수 있다. 그러므로 실수 모든 구간에서 새로운 미분 방법을 적용할 수 있다.

(사인, 코사인 함수의 미분 항목의 내용과 관련하여 많은 도움을 주신 로버트 엘리스(Robert L. Ellis) 교수님께 다시 한 번 깊이 감사를 드립니다.)

찾아보기

• ㅈ •

• ㅊ •

• ㅋ •